国家级一流本科专业建设点配套教材·服装设计专业系列

高等院校艺术与设计类专业"互联网+"创新规划教材

丛书主编｜任 绘

丛书副主编｜庄子平

服饰素描写生

山雪野 编著

北京大学出版社

PEKING UNIVERSITY PRESS

内 容 简 介

本书除了讲解服饰素描的诸要素，还对各种绘画工具材料的应用进行了探讨，并详细讲解了如何组织构图及具体作画的方法步骤，使读者能尽快掌握服饰素描写生的要点。全书分6章：第1章阐述服饰素描的概念、特征及要求；第2章阐述服饰素描的要素，引导学生在写生过程中系统掌握并运用这些要素；第3章介绍服饰素描写生的观察方法，包括观察服饰的几个要素——整体与局部、款式与结构、平面与立体、面料与质感；第4章介绍服饰素描写生的工具与材料，结合作品实例讲述不同工具和材料的应用所形成的画面效果，并介绍在写生中应如何注重工具材料的研究与实验；第5章介绍服饰素描写生的两种表现方法——色调表现与线描表现；第6章是服饰素描作品欣赏，介绍一些国内外的经典素描和优秀服饰素描作品，作为读者研习服饰素描的借鉴和参照。

本书既适合作为高等院校服饰艺术设计专业的绘画基础课教材，也可作为对服饰素描感兴趣的读者的参考用书。

图书在版编目 (CIP) 数据

服饰素描写生 / 山雪野编著. —北京：北京大学出版社，2022. 9
高等院校艺术与设计类专业"互联网 +"创新规划教材
ISBN 978–7–301–33204–7

Ⅰ．①服… Ⅱ．①山… Ⅲ．①时装—素描技法—高等学校—教材 Ⅳ．① TS941.28

中国版本图书馆 CIP 数据核字 (2022) 第 144023 号

书 名	服饰素描写生
	FUSHI SUMIAO XIESHENG
著作责任者	山雪野 编著
策划编辑	蔡华兵
责任编辑	李瑞芳
数字编辑	金常伟
标准书号	ISBN 978–7–301–33204–7
出版发行	北京大学出版社
地 址	北京市海淀区成府路 205 号 100871
网 址	http://www.pup.cn 新浪微博：@ 北京大学出版社
电子信箱	pup_6@163.com
电 话	邮购部 010-62752015 发行部 010-62750672 编辑部 010-62750667
印 刷 者	三河市博文印刷有限公司
经 销 者	新华书店
	889 毫米 ×1194 毫米 16 开本 9 印张 216 千字
	2022 年 9 月第 1 版 2022 年 9 月第 1 次印刷
定 价	39.00 元

序言

　　纺织服装是我国国民经济传统支柱产业之一，培养能够担当民族复兴大任的创新应用型人才是纺织服装教育的根本任务。鲁迅美术学院染织服装艺术设计学院现有染织艺术设计、服装与服饰设计、纤维艺术设计、表演（服装表演与时尚设计传播）4 个专业，经过多年的教学改革与探索研究，已形成 4 个专业跨学科交叉融合发展、艺术与工艺技术并重、创新创业教学实践贯穿始终的教学体系与特色。

　　本系列教材是鲁迅美术学院染织服装艺术设计学院六十余年的教学沉淀，展现了学科发展前沿，以"纺织服装立体全局观"的大局思想，融合了染织艺术设计、服装与服饰设计、纤维艺术设计专业的知识内容，覆盖了纺织服装产业链多项环节，力求更好地为全产业链服务。

　　本系列教材秉承"立德树人"的教育目标，在"新文科建设""国家级一流本科专业建设点"的背景下，积聚了鲁迅美术学院染织服装艺术设计学院学科发展精华，倾注全院专业教师的教学心血，内容涵盖服装与服饰设计、染织艺术设计、纤维艺术设计 3 个专业方向的高等院校通用核心课程，同时涵盖这 3 个专业的跨学科交叉融合课程、创新创业实践课程、产业集群特色服务课程等。

　　本系列教材分为染织服装艺术设计基础篇、理论篇、服装艺术设计篇、染织艺术设计篇、纤维艺术设计篇 5 个部分，其中，基础篇、理论篇涵盖染织艺术设计、服装与服饰设计、纤维艺术设计 3 个专业本科生的全部专业基础课程、绘画基础课程及专业理论课程；服装艺术设计篇、染织艺术设计篇、纤维艺术设计篇涵盖染织艺术设计、服装与服饰设计、纤维艺术设计 3 个专业本科生的全部专业设计及实践课程。

　　本系列教材以服务纺织服装全产业链为主线，融合了专业学科的内容，形成了系统、严谨、专业、互融渗透的课程体系，从专业基础、产教融合到高水平学术发展，从理论到实践，全方位地展示了各学科既独具特色又关联影响，既有理论阐述又有实践总结的集成。

　　本系列教材在体现了课程深厚历史底蕴的同时，展现了专业领域的学术前沿动态，理论与实践有机结合，辅以大量优秀的教学案例、社会实践案例、思考与实践等，以帮助读者理解专业原理、指导读者专业实践。因此，本系列教材可作为高等院校纺织服装时尚设计等相关学科的专业教材，也可为从事该领域的设计师及爱好者提供理论与实践指导。

中国古代"丝绸之路"传播了华夏"衣冠王国"的美誉。今天，我们借用古代"丝绸之路"的历史符号，在"一带一路"倡议指引下，积极推动纺织服装产业做大做强，不断地满足人民日益增长的美好生活需要，同时向世界展示中国博大精深的文化和中国人民积极向上的精神面貌。因此，我们不断地探索、挖掘具有中国特色纺织服装文化和技术，虚心学习国际先进的时尚艺术设计，以期指导、服务我国纺织服装产业。

一本好的教科书，就是一所学校。本系列教材的每一位编者都有一个目的，就是给广大纺织服装时尚爱好者介绍先进思想、传授优秀技艺，以助其在纺织服装产品设计中大展才华。当然，由于编写时间仓促、编者水平有限，本系列教材可能存在不尽完善或偏颇之处，期待广大读者指正。

欢迎广大读者为时尚艺术贡献才智，再创辉煌！

鲁迅美术学院染织服装艺术设计学院院长
鲁美·文化国际服装学院院长
2021 年 12 月于鲁迅美术学院

前言

  艺术设计的门类越分越细，传统的绘画基础训练已难以适应当今专业设计的需要。设计学科的绘画基础训练应从属于某一学科专业，与其专业要求相融合，这一观点在设计教育领域已达成共识。因此，每一设计学科都在寻找与之相适应的绘画基础教学模式，并力图从功能和创意角度强化基础素描与专业设计的内在联系。服饰素描写生正是基于这一目的，改变传统的基础素描写实技能训练，分析和研究与服饰设计及绘画相关的基本问题，从而为服饰艺术设计提供绘画基础造型训练，更有效地服务于服饰艺术设计专业。

  本书是针对服饰艺术设计专业而编写的教材，仍属于绘画基础训练的范畴，虽然这种基础训练主要以写生的形式进行，力求在造型基础训练与创新思维的培养上寻求最佳融合点。这种写生形式强化了学生对服饰的观察能力、表现能力和创新思维。服饰素描写生无论是表现内容还是表现方法都与传统素描有很大差别，表现对象是服饰或与服饰相关的物品，重点是研究和表现服饰形态特征。这种具有针对性的素描基础训练，使写生过程不再是被动的描绘和简单的再现，在工具材料的应用上强调实验性与表现形式的多种可能性。素描教学模式与教学内容的改变，使学生对素描的概念有了新的认识和理解。强调设计在先的素描理念，以表现服饰形态特征为主，而以表现人物形象为辅；强化学生对服饰的观察能力、表现能力和创新思维，可以激发他们的想象力和创造力。同时，在表现方法上融入许多专业化的技法，鼓励学生尝试新的绘画工具和材料，强调工具材料应用的实验性，对服饰形态的表现也鼓励个性化的艺术处理，寻找适合本专业特点的素描语言。这种实验性有助于拓宽服饰表现的外延，也有助于启发学生的创新性思维；新绘画材料的应用，也为服饰素描表现形式提供了更多的表达路径。

  服饰素描写生设置了两个课题。一是色调表现，这是写实性时装画重要的表现技法之一。服饰的色泽感和质地感，只有通过色调的对比和变化才能呈现最佳的自然形态，从而达到逼真的视觉效果。当服饰以其新鲜生动的外表呈现在我们面前时，如何以一种独特的感觉感知这个物象所呈现的色彩、肌理、质感、形态及明暗，并用独特的色调去表现这些因素，将成为一个新的课题。这种训练对激发学生的技能表达及塑造服饰的深度、有效把握服饰的结构特质大有益处，为日后提升设计创意水平打下坚实的基础。书中用大量的图片实例讲解色调表现的特点与方法步骤，以及不同工具材料的应用所呈现的不同画面效果，这都为读者了解和学习服饰素描写生提供了参考和借鉴。二是线条表现，线条在造型艺术和多种绘画类别中都担当重要任务，在服装效果图及创意时装画中均离不开线条表现，而在服饰素描写生中的线条既趋于写实，又具有装饰风格；二者都以表现服饰形态特征为目标，力求准确反映服饰物象的真实效果。尽管如此，后者包含更多夸张、省略的因素和个人的主观色彩，更具有创意设计的因素。为此，书中提供了大量教学实例，借以分析每种线条不同的审美感觉和实用价值，以及线条对服饰的造型动势、形象特征、款式结构及面料质感的重要的塑造功能。

　　本书这种具有针对性的素描基础训练，在素描语言和对服饰形态的表达上更具有专业特点，从表现形式到表现语言也更加多样化，更吻合现代专业设计的需求，也涵盖了一名优秀的服装设计师所应具备的基本素养，将为专业设计奠定坚实的绘画基础。本书是编著者在绘画基础课教学实践中的经验总结，并非最终的教学方案，其教学内容和教学方式仍在继续探索中。

　　书中大部分作品为学生课堂作业，个别图片为网络资料，仅供教学分析使用，版权归原作者所有，在此表示衷心感谢！

　　由于编著者水平有限，书中难免会有不足之处，敬请广大读者批评指正。我会在将来的教学过程中进一步调整和改进，使之更加合理与完善。

【资源索引】

2021 年 12 月于鲁迅美术学院

目录

CHAPTER ONE

第1章
服饰素描概述

第一章
服饰素描概述

【本章引言】

素描是使用单一色彩表现明度变化的绘画，素描水平是反映绘画者空间造型能力的重要指标之一。服饰素描是从传统素描派生出来的，是从属于服饰设计领域的一种素描形式，在表现上具有较强的针对性和专业性。因此，对服饰素描的概念、特征及要求要有明确的认识和理解，用以指导写生实践。

1.1 服饰素描的概念

　　服饰素描的概念是从传统素描中派生出来的；它作为素描的一个分支，只不过是加入了一些专业化的要求。服饰素描是为服装设计专业提供基础造型训练、收集专业素材、构思服饰设计等方面提供服务和支持的。因此，在力求改变传统的基础素描写实技能训练的教学模式上，要从功能和创意的角度来强化基础素描与服装设计的内在联系。选择服饰素描写生作为教学训练内容，是要通过在服饰素描写生教学过程中，注重分析研究与服装艺术设计绘画相关的一些基本问题，使学生对素描的概念有一个新的认识和理解，明确服装设计专业绘画基础课的教学目标。刘思如设计的服饰作品《凡尔赛印象》如图 1.1 所示。

图 1.1 《凡尔赛印象》| 刘思如，
指导教师：惠淑琴

1.2 服饰素描的特征

　　服饰素描不同于其他类素描，它所描绘的主体对象是服饰或头饰，是以选用软体物品为主，而不是以往传统写生中的硬体教具，任何与服饰相关的配件或头饰配件都可作为表现对象。从目的和功能上来说，服饰素描写生具有较强的针对性和专业性，有别于传统的素描写生。传统的素描写生训练都是为造型艺术服务的，而服饰素描则是为服装设计专业提供的绘画基础训练，是为服饰艺术设计服务的。它以表现服饰形态为主，以表现人物形象为辅，把服饰形态及质感特征作为重点。服饰素描写生应属于绘画基础训练的范畴。服饰素描写生是绘画基础写实能力的训练。这种具有针对性的绘画训练，可以培养学生对服饰的观察能力，对服饰造型的准确表达能力，以及对表现技巧的创新能力。在服饰素描写生过程中，重点研究服饰的比例尺度、形体结构及服饰质感特征，使画面具有较强的专业特点，这是一名服装设计师应具备的基本专业绘画素养。图 1.2 所示为服饰素描学生作品《凡尔赛印象》。

图 1.2 《凡尔赛印象》| 丛文义，
指导教师：山雪野

1.3　服饰素描的要求

　　服饰艺术设计专业设置的服饰素描写生课程，最终的教学目标是适应本专业的要求，并与本专业其他课程很好地结合起来。在教学中，这门课程是由绘画训练向专业设计的一种衔接和过渡，也是后续创意时装画、服装效果图课程的基础。但服饰素描的训练又不同于传统素描，需要更好地把握服饰素描为服饰艺术设计服务的本质，要求学生明确服饰艺术设计专业的绘画特性，在实际写生中解决人物与服饰的结构、空间、明暗、质感等问题，以便尽快进入专业绘画的学习状态。服饰素描在符合客观造型依据的前提下以色调表现和线描表现为主，可以突破传统素描概念中的方法与步骤，可从局部开始刻画并一次性完成。在表现方法上，应充分发挥个人的想象力和创造力，可融合一些专业绘画的表现方法；在服饰形态的处理上，可以有个人理想化的处理，也可根据对不同服饰的感受进行特殊的艺术表现，使学生逐步进入服饰素描的表现语境，使服饰素描在表现语言上具有本专业的特点。服饰素描课程是对学生思维方法、观察方法和表现方法的训练，也是对服饰专业设计

图 1.3 《服饰》| 山雪野

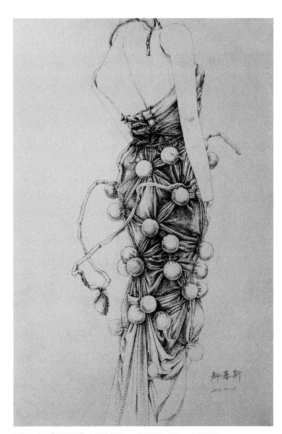

图 1.4 《礼服》| 都基斯，指导教师：山雪野

的有益补充和引导，这就要求通过与服饰艺术设计专业基础课程的优化组合，使服饰艺术设计专业的绘画基础教学更具有针对性和专业性（图1.3、图1.4）。

【思考与实践】

（1）认识服饰素描与传统素描的区别。

（2）理解服饰素描写生中感性认识与理性分析的关系。

CHAPTER TWO

第 2 章
服饰素描的要素

【本章引言】

　　服饰素描的要素，指的是构成服饰素描造型的必要因素，是服饰素描绘画技巧的载体，是服饰素描表现的基础，也是服饰素描基础训练必须把握的重点。要想画好服饰素描，必须掌握相关的绘画知识，这些绘画知识也是转变素描观念的重要因素。它一方面是直接与绘画和服装设计有关的各种知识，如透视学、解剖学、色彩学、材料学等；另一方面是间接的知识和多方面的修养积累。知识的积累可以深化对形象本质构成规律的观察与理解，否则绘画的观察能力只能停留在肤浅的阶段，也就谈不上素描观念上的更新。素描要素不仅仅源于直接的视觉感受，而更多地依靠各方面知识和信息的积累；积累得越多，视觉感受力就越强，绘画作品的精神内涵也就越丰富。

2.1　线条的形式

线条是造型领域运用最广泛、表现力最强的一种手段。线条的造型历史和风格演变经历了几个阶段。希腊初期的素描重视轮廓线，形成了轮廓线画法，所有的造型都通过线条组织来完成，充分表现了用线的功力。这个时期，线条对服饰的表达具有写实性的装饰作用，与人物的结合更加完美统一；画面的造型生动，线条流畅，与现代素描十分接近。这个时期的陶瓶画堪称古代素描一绝，如图 2.1、图 2.2 所示。

图 2.1 《塔那托斯和沙佩顿》| 古希腊陶瓶画

图 2.2 《婚礼水壶》| 古希腊陶瓶画

中国古代的"白描"也是"素描"，在表现人物造型及服饰时生动而富有感染力。唐代画家吴道子的《送子天王图》（图2.3），通过线条的疏密、长短、粗细、深浅、曲直等变化，在视觉上产生了不同的形式美感，形成了特殊的情感倾向。图2.4是法国画家爱德华·马奈的作品《春大》，画面中的线条组织方式多种多样，造型语言极其丰富。这些概括精练、流畅而富于弹性和力度的线条，都是我们在服饰素描写生中要学习和借鉴的。

线描表现主要有以下几种形式。

图 2.3 《送子天王图》|［唐代］吴道子

图 2.4 《春天》|［法国］
爱德华·马奈（1832—1883 年）

（1）匀线。匀线是指力度一直保持平衡，没有轻重、粗细、虚实和宽窄变化的线。这种线既可以用来勾画轮廓，也可通过疏密、长短、曲直等变化组织不同的画面基调，不需要考虑形体的光影明暗，画面简洁清晰，即使是单纯的线也能承载丰富的画面内涵，如图 2.5 所示。

（2）网状线。网状线也称交叉线，是指利用曲、直、弧线来回穿插，构成不同的色彩与肌理，能够表现出形体的结构和质感的线（图 2.6）。

图 2.5 《人物线描》| [法国]
亨利·马蒂斯（1869—1954 年）

图 2.6 《一个年轻黑人的头部》| [意大利]
格拉尼·罗梅尼克·提埃波罗（1727—1804 年）

（3）变化线。变化线是一种绘画性用线，在运笔时根据用力的大小、速度的快慢产生粗细、浓淡变化的线条，可表现出极其丰富的形态和样式，如图 2.7 所示。

图 2.7　为塔基乌高贞（音译）卷轴画作的草图 | [日本] 国吉康雄（1889—1953 年）

2.2　明暗与色调

明暗造型是指光源照射在立体物象上产生的明暗变化规律，是围绕表达立体感、空间感、光感的目的而展开的。人类在视觉上是靠光照来辨别事物的形状和颜色的。一切由光线造成的物象变化及与其相关的内容，形成了丰富的色调层次，这是明暗造型语言的源泉，是素描中色调语言的客观依据。

我们可以把物体概括为黑、白、灰三个面。例如，在正方体侧面来光的情况下，把产生的明暗调子分成三大部分：正面受光部分（亮面）、侧面受光部分（灰面）和背光部分（暗面）。将这三大部分称为三大面。正方体的三大面如图 2.8 所示。

五大调是在三大面的基础上，详细分成的五个调子。在受光的面又分成灰面和亮面，有些物体在亮面还有明显的高光点。在背面有暗面和反光。五大调就是亮面、灰面、明暗交界线、反光和投影。投影是画面中不可缺少的部分。在球体、圆柱体上，五大调表现最为充分，如图 2.9 所示。

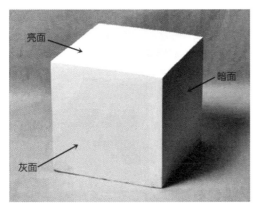

图 2.8　正方体的三大面（黑、白、灰）

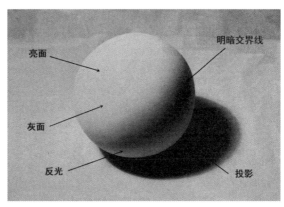

图 2.9　球体的五大调

圆柱体可以分出无数层次的明暗色调，如图 2.10 所示；而六棱柱体可以通过明暗色调分出清晰的体面关系，如图 2.11 所示。

明暗与色调是相辅相成的，黑、白、灰的综合视觉叫色调。把握色调的微妙差异是生动表现对象的前提。色调变化的决定因素如下。

（1）受光程度。在复杂环境中不易辨别色调深浅时，可按光照角度仔细观察和分析，根据对象结构区分色阶的微弱变化，使形体结构及每个面的色调都表现得既明确又合适，如图 2.12 所示。

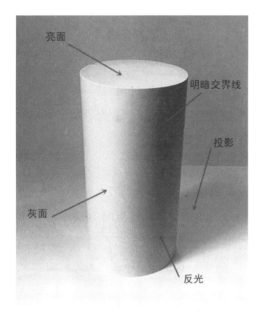

图 2.10　圆柱体的明暗色调

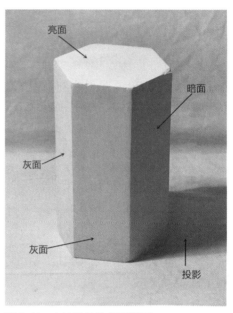

图 2.11　六棱柱体的体面关系

图 2.12　《做刺绣的母亲》|［法国］乔治·修拉（1859—1891 年）

（2）光源强弱。在普通室内光源下，光线柔和，色调变化丰富，有利于锻炼色调视觉能力；在灯光照射光源下，受强光影响，减弱了中间色，明暗对比加强，便于把握色调的整体关系，如图 2.13 所示。

（3）距离远近。一般来说，距离越近，感觉越清晰，明暗对比越强烈，色调变化越明显；反之，距离越远，明暗对比越弱，如图 2.14 所示。

图 2.13 《无题》|（彩铅）苏珊·阿维赛

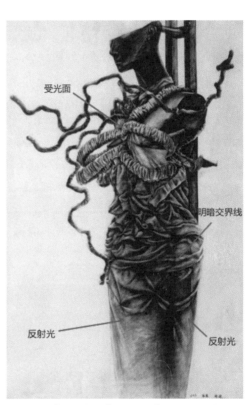

图 2.14 《服饰素描》| 矫婕，指导教师：山雪野

（4）物体的固有色。通常，固有色深的物体，质地粗糙，明暗对比弱；反之，固有色浅的物体，质地细腻，明暗对比强烈。

（5）物体所处的环境。在明亮的环境中，色调明快；在昏暗的环境中，色调灰暗、沉着。

2.3　质感与肌理

　　在服饰素描写生中，由于涉及表现的内容繁多，各种服饰面料及其配件的材质与质感也千差万别，有的柔软、有的坚硬，有的光滑、有的粗糙。质感通常是用来描述服饰材质给人的触觉感受，如头饰、服饰面料的质感。质感有时候也用于表现作画痕迹的视觉特点，如铅笔线条与钢笔线条的肌理效果有很大不同，不同工具在不同纸张上作画，会形成截然不同的表面肌理效果。这就需要对表现服饰物象的材质有深入的了解，然后尽量利用线条的微妙变化和明暗色调的强烈对比，以及绘画工具和纸张肌理的融合，将服饰的质感与肌理表现出来。其实，质感就是服饰形象的逼真感，只能依靠线条、明暗、色调等造型知觉因素的对比来表现或暗示。因此，在写生中应力求准确地、真实地表现出材质的特征，如图 2.15、图 2.16 所示。

图 2.15 《白色的礼服》| 学生作品

图 2.16 《礼服》| 山雪野

2.4　空间与透视

　　当我们把服饰塑造成一个具有立体感和空间感的作品时，就要启用空间与透视的因素来增强这种效果。由于绘画以在平面上表现立体和空间为主，所以又称空间艺术。空间即画面中物体与物体之间的距离、方位和大小的关系，空间有二维空间和三维空间之分。二维空间指物体的长度和宽度，把深度压缩到极点，物与物是以平面并置来说明它们之间的关系。三维空间的深度和高度，使物体有前后之分、主次之别，以制造纵深的、模糊的主体空间。平面表现终究要向立体运用过渡，对服饰在不同透视角度、不同空间中形体结构会产生相应变化的这种规律，要加强理解与认识，以提高对服饰的分析、推理和表达能力。

　　空间感是服饰素描造型的重要因素，因此在服饰素描写生中应注重对形体结构的理解。在空间与立体的表现方面，要求绘画者具备较强的三维形体意识，能够在二维的平面上表现出立体的、具有空间感的形象（图 2.17）。例如，在服饰素描写生中要表现出衣物对人体

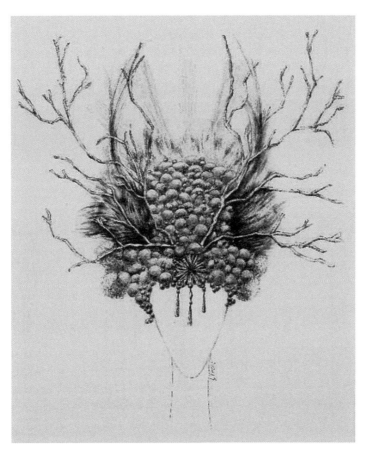

图 2.17 《头饰》｜谭瑛，指导教师：山雪野、孙梦柔

　　的包裹感，饰品与人体的结合关系。空间的合理性表述非常重要：一是形体要有空间感；二是在空间内形体之间的组合，以及相互之间的逻辑关系要明确。

　　空间离不开透视，透视现象是由于空间的出现而产生的。我们认识和描绘形象时，是以视觉形象为依据，然后通过一些透视规律来推导出一些视线所不能及的形体结构，因此，全面认识和描绘视觉形象离不开对透视现象的认知和表现。图 2.18 为人体空间透视图。

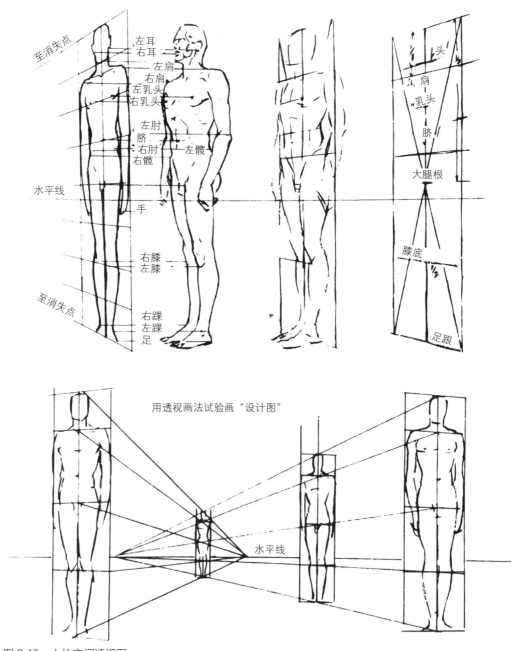

图 2.18　人体空间透视图

视觉形象 = 客观对象 + 透视现象。由于东西方文化的差异，所以空间的概念也不同。焦点透视与散点透视的不同理念，恰恰反映了东西方对待空间的不同态度。

按照物象与绘画者的角度不同，透视现象可分为平行透视（一点透视）、成角透视（二点透视）和倾斜透视（三点透视）3 种。

（1）平行透视。就方形物体而言，不论它的形状结构多么复杂，都可以归纳在一个或几个正方体之内，都具有长、宽、高三组轮廓线；其透视角度的特点是，物体纵深方向的轮廓线将逐渐消失于视平线的消失点，如图 2.19 所示。图 2.20 所示为简化人物。

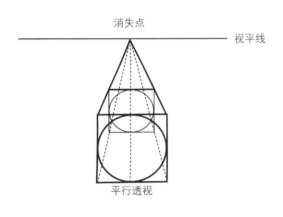

图 2.19　平行透视图

图 2.20　简化人物 ｜［美国］Kazuhiko Sano

（2）成角透视。以正方形和立方体为例。如果正方形和立方体的两组直立面都不与画面平行，而是形成一定的夹角，其特点是有两个或两个以上消失点，如图 2.21 所示。图 2.22 所示的服饰素描为学生作品。

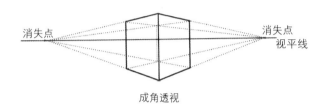

图 2.21　成角透视图

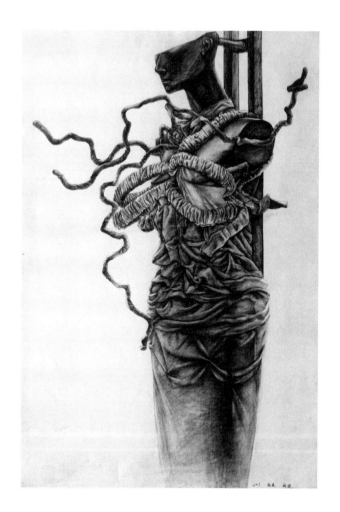

图 2.22 《服饰素描》| 矫婕，指导教师：山雪野

（3）倾斜透视。如果要将空间中各种角度的、或远或近的高大物体包容进去，则需要采用三点透视法。三点透视有 3 个消失点，高度线不完全垂直于画面，第三个消失点必须和画面保持垂直，使其和视角的二等分线保持一致，如图 2.23 所示。图 2.24 所示的速写习作就是仰视的角度，其消失点在上方。

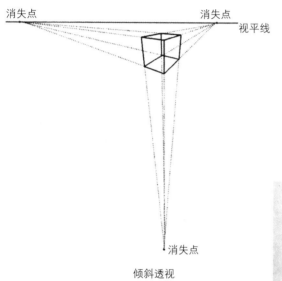

图 2.23　倾斜透视图

图 2.24　速写习作 ｜ [美国] Tony Neila

2.5　比例与结构

丢勒曾说："画素描就意味着要看出比例。没有正确的比例，就不会有一幅完美的图画，虽然是尽了最大的努力而画成的。"那么，什么是比例？比例又有何标准？

在绘制人物头部时，要注意五官的位置与各自之间的位置比例关系。一般人物头部可以用"三庭五眼"这个规律进行概括。"三庭"是指发际线到眉毛，眉毛到鼻底，鼻底到下巴3个部分的长度大致相等。"五眼"是指正面脸部的宽度约等于5个眼睛的长度。男性、女性五官的比例分别如图2.25、图2.26所示。

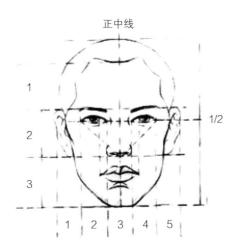

图 2.25　男性五官的比例

图 2.26　女性五官的比例

传统的古代人体比例为"立七坐五"，指人体站立时从头到脚为7个头高，坐着时为5个头高，前者基本上接近实际；而现代人的身高普遍有所提高，在传统古代人体比例的基础上，现代人体通常设定理想的比例为7.5～8个头高（多认为站立时为7.5～8个头高，坐着时从头到臀有5.5～6个头高。人体不同姿势的比例如图2.27所示）。

比例的标准会因世界各地文化差异和历史的演化而有所不同，但绘画者需要有一个统一的标准来进行比较。普遍被接受的比例标准是正常、理想和夸张。达·芬奇用"黄金分割"画出的《维特鲁威人》在当时被认为是生理结构上比例最准确的人体画作。图2.28至图2.30所示分别是以8个头高的理想比例来展示男性和女性正面、背面、侧面的结构特征。

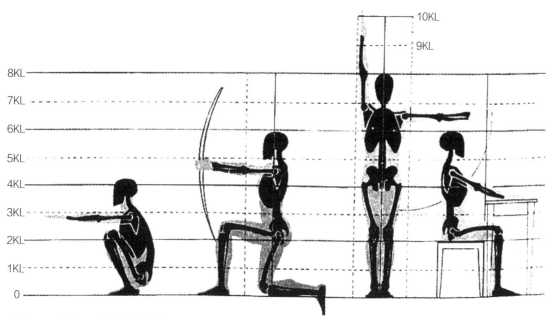

图 2.27 人体不同姿势的比例

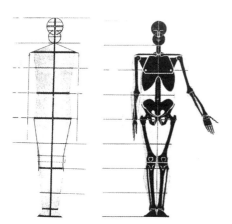

图 2.28 男性正面和背面比例结构特征

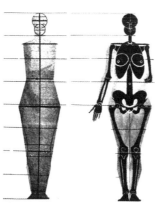

图 2.29 女性正面和背面比例结构特征

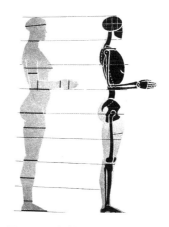

图 2.30 女性和男性侧面比例结构特征

时装画通常夸大人物比例为 9 个头高或 9 个头高以上，因此比例标准应根据绘画风格与主题的需要灵活运用。图 2.31 所示为时装画的人体比例、动态图。

人体结构指的是人的形体内部组织的结合和构造。绘画艺术所反映的人体结构有两种类型：骨架和体积。

人体结构可一分为二：一是解剖结构，即骨骼、肌肉的造型特征及其组合关系；二是形体结构，即形体在空间中的位置及其相互关系。前者是内在本质，后者是外在形象，人体内在本质决定着外在形象。

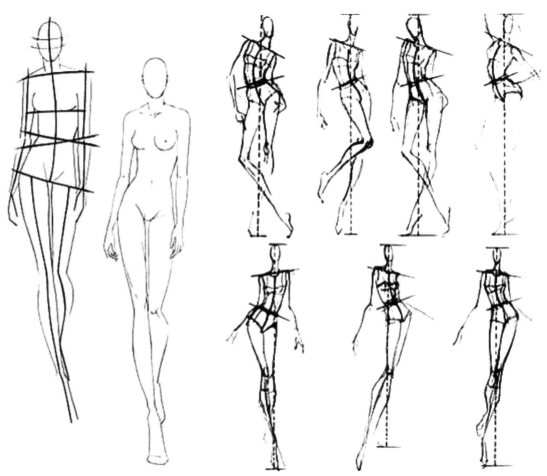

图 2.31　时装画的人体比例、动态图

　　人体骨架构成一个完整的形体结构，是人体结构的基础。它是由头骨、躯干骨骼和四肢骨骼组成的。人体骨骼既能体现人体的比例关系，又能体现人体的形态特征；熟悉人体骨骼结构关系，能使我们更好地掌握人体造型及人体运动规律。图 2.32 所示为人体正面主要骨骼示意图。图 2.33 所示为人体背面、侧面主要骨骼示意图。

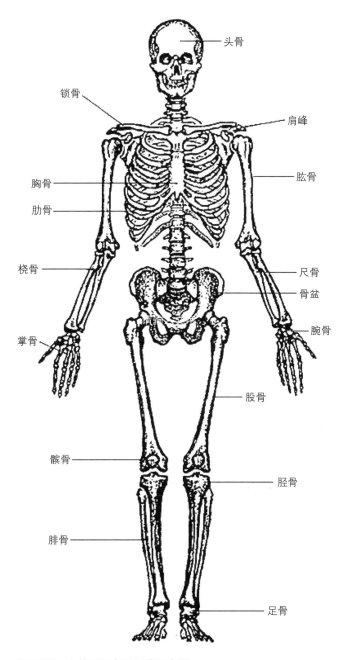

图 2.32　人体正面主要骨骼示意图

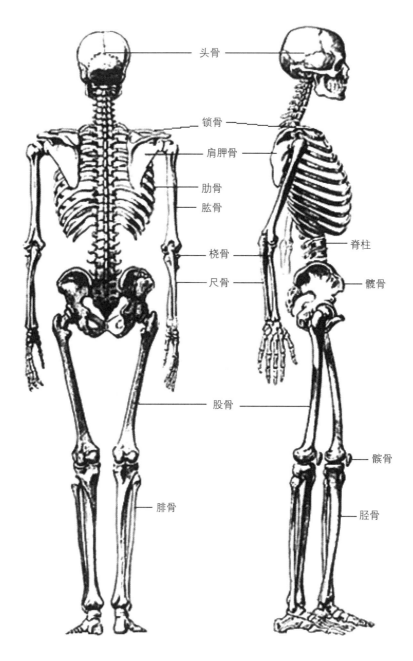

图 2.33　人体背面、侧面主要骨骼示意图

　　肌肉是人体的动力系统，它与骨骼共同构成了人体外形特征。对于塑造人体形态而言，肌肉是最重要的赋予造型美感的要素。熟悉肌肉在人体的位置、形状及作用，会帮助我们加深对人体形态、结构的认识和理解，掌握人体运动规律，提高人物造型能力。图 2.34 至图 2.36 所示分别为人体正面、背面、侧面主要肌肉示意图。

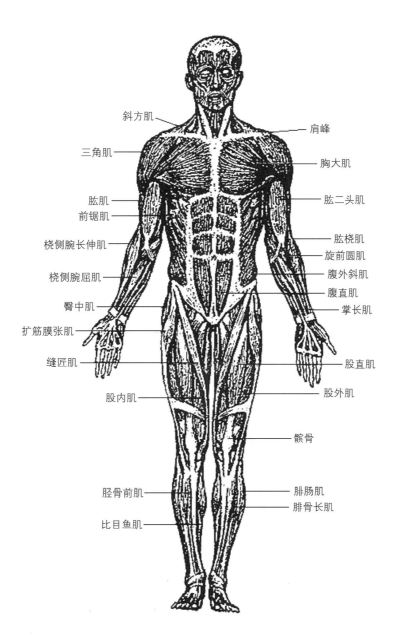

图 2.34　人体正面主要肌肉示意图

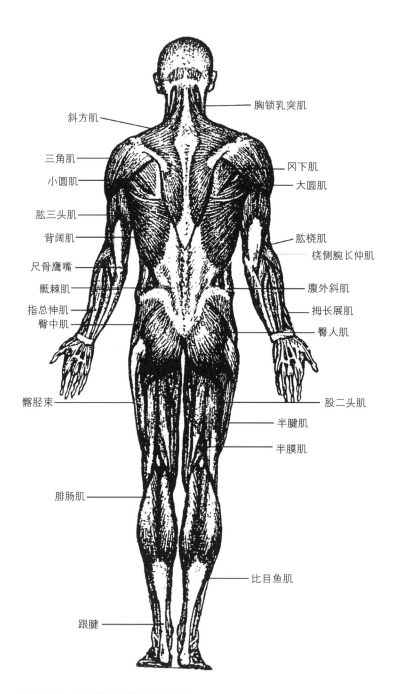

斜方肌

胸锁乳突肌

三角肌

冈下肌

小圆肌

大圆肌

肱三头肌

背阔肌

肱桡肌

桡侧腕长伸肌

尺骨鹰嘴

腹外斜肌

骶棘肌

拇长展肌

指总伸肌

臀中肌

臀人肌

髂胫束

股二头肌

半腱肌

半膜肌

腓肠肌

比目鱼肌

跟腱

图 2.35　人体背面主要肌肉示意图

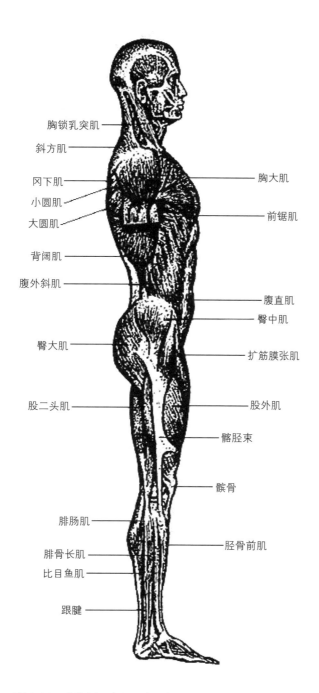

胸锁乳突肌

斜方肌

冈下肌
小圆肌
大圆肌

背阔肌

腹外斜肌

臀大肌

股二头肌

腓肠肌

腓骨长肌
比目鱼肌

跟腱

胸大肌

前锯肌

腹直肌
臀中肌

扩筋膜张肌

股外肌

髂胫束

髌骨

胫骨前肌

图 2.36　人体侧面主要肌肉示意图

　　我们可以把人体的形体结构概括为四大部分，即头部、躯干、上肢和下肢。为了便于掌握人体各部分的造型特征及运动规律，不妨把复杂的形体概括成几何形体，这样有助于认识、理解人体在空间中的深度和基本结构特征。图 2.37 至图 2.39 所示分别为人体的形体透视、形体结构，以及人体结构的动态及透视。

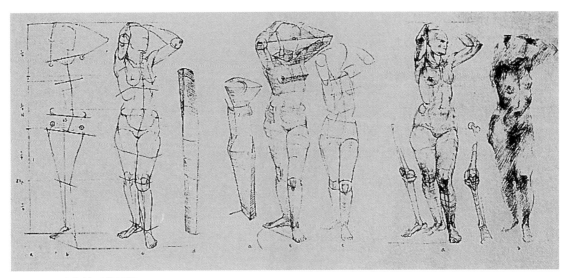

图 2.37　人体的形体透视

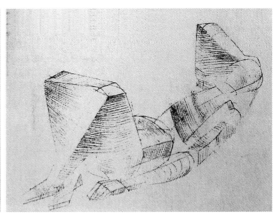

图 2.38　人体的形体结构

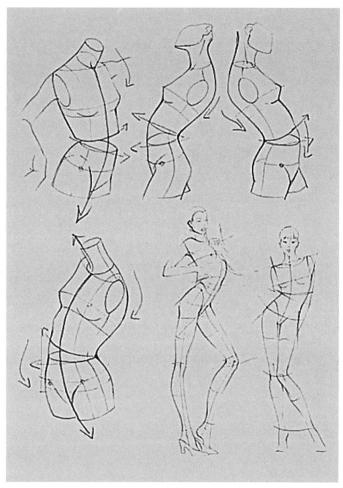

图 2.39　人体结构的动态及透视

【思考与实践】

（1）理解并掌握服饰素描写生的关键要素。

（2）结合解剖课程，重点研究人体比例、结构及运动规律。

CHAPTER THREE

第 3 章
服饰素描写生的观察方法

第3章

服饰素描写生的观察方法

【本章引言】

　　服饰素描写生重在解决服饰素描造型表现方法的问题，在讲服饰素描写生表现方法之前，先要研究和掌握服饰素描写生的观察方法。除了要研究服饰素描的造型要素，还要强调写生过程中设计在先的理念，并不是摆上模特服饰就照着画，绘画者要对客观服饰有高度的敏感性和具有提炼、升华的能力，找到表现的切入点是关键的第一步。先设计好画面选取的角度、主次关系、疏密关系、虚实关系、明暗关系等，再确定哪一部分是刻画重点，哪一部分需要省略、概括，总之画前都要做到心中有数。同时，对工具的选择和材料的应用要多做试验，每一款服饰都有多种表现的可能，看一看哪种工具和材料更适合表现这款服饰，更能表达你对这款服饰的感受，这样会使你在多种试验中获得实践经验，提高你的感受能力与表现能力。

3.1　整体与局部

　　整体观察与表现是服饰素描造型的核心,要想表现画面的整体性与一致性,首先,要在观察上进行调整,应采用从整体到局部的观察方法,以此确定从整体到局部的作画顺序,最终实现表现上的整体性。表现上的整体性与深刻性取决于作者观察的角度、感受的深度和敏感程度。从观察到表现是一个领悟的过程,只要抓住服饰的本质特征,调动各种造型要素,特别是把握住明暗对比、线条力度、透视比例、内在结构、质感特征、画面构成等关键性要素,同时熟练地运用表现技法,就能把观察到的客观事物生动地表现出来。在造型艺术中,人们所说的形象思维能力,就是指对可视形象的观察能力、感受能力、判断能力、分析能力、理解能力、记忆能力、想象能力及审美能力等。

　　在服饰写生中,观察是首要的,只有"看"(观察)明白了,才能画明白。这里的"看"是指通过观察形成的意识,而这种意识存于人脑的深处,是人脑对客观世界一切事物存在的反应,是看和感觉的最终归宿,是一种能动的、自觉的思维能力,虽然它是看不见摸不着的,但这个整体意识在艺术创作中却是非常重要的。进行服饰素描写生的目的是提高自己对服饰形象的感受能力和表现能力,扩展创新性思维,使素描意识中的感觉得到深化和提高。如果你的感觉只停留在感知的层面上,而缺乏整体意识,就不可能表现出服饰的本质特征。对局部细节的观察要深刻:哪些细节需要深入刻画,哪些细节应该省略,总体上要有设计在先的意识,处理好整体与局部的关系,这些都是通过观察来实现的。这样能使观察深化为感悟,再把感悟上升到理性,有了这样的感悟和理性,才能产生联想和想象,从而形成见解、创意和解决问题的内在动力。

　　图 3.1 所示的这幅学生作品虽然对画面有一个整体设计,但并没有将观察到的细节画得面面俱到,而是抓住这款服饰的典型特征进行深入刻画,使画面形成鲜明对比而又不失整体关系。

　　在实际服饰素描写生中,要求学生在写生前多角度、近距离、全方位、细致入微地观察或触摸服饰,深入体验服饰的自然形态及质感特征;要求学生改变以往的观察方法,发现曾经被忽视的服饰美感,再选择适当的媒介与技术,极致地表现对服饰的深度感知,尽可能让它接近自己眼中的对象。目的是让学生由感性认识转化到理性研究,这也是由感性认识到理性分析的过程,也是一个对服饰形态及本质特征再认识的过程。

　　这种对观察上的深刻性和画面整体设计性的强调,能够增强学生主动选择、综合处理画面整体与局部的意识,有助于提高学生对服饰的敏锐感受力(图 3.2)。

图 3.1 《礼服》| 曲艺，指导教师：山雪野

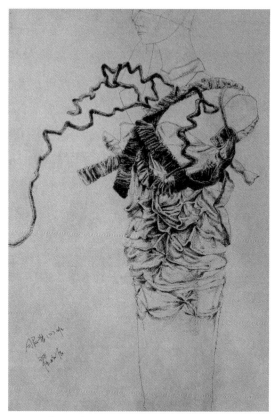

图 3.2 《服饰》| 翟婉辰，指导教师：山雪野

3.2　款式与结构

　　款式是服饰的外部形象，也是其"生命"，而结构是服饰的基础。观察并理解服饰的款式与结构，感受服饰造型的整体特征，是画好服饰素描的先决条件。由于服饰的款式多种多样，这也决定了服饰形态结构的千差万别，每款服饰都有其特定的形态特征与结构设计。在服饰素描写生过程中，除了观察服饰与人体形态的相互关系，还要重点观察服饰自身的造型特征及结构特点，找准服饰造型中点、线、面的要素，认识色彩的搭配和面料材质的应用，观察整体服饰结构的构成特点等。只有观察到了这些服饰造型中本质的要素和形态特征，才能画好服饰素描。因此，在写生前首先要观察认识服饰对象的款式特点和结构特征，研究其造型规律，再确定其比例、结构及形体的透视关系，这样才能更好地表现出服饰的整体艺术效果。

　　图 3.3 所示的作品，绘画者准确把握了服装造型与人体的结构关系，并对服装自身的结构做了精准的刻画。而图 3.4 所示的作品，头饰与头部的形体结构关系准确，其透视关系暗示出头部形体的空间感，绘画者对头模形象进行了简洁表现，而对头饰则进行细致刻画。

图 3.3 《凡尔赛印象》| 徐晓阳，指导教师：山雪野

图 3.4 《线描头饰》| 杜雨婷，指导教师：山雪野、孙梦柔

3.3　立体与平面

　　服饰素描写生既可以通过透视原理表现出三维立体服饰形象的空间感和深度感，也可以表现出二维平面的服饰形象，或将三维立体造型转化为二维平面形态。在实际写生中，应首先观察服饰的结构特点，再看其更适合哪一种表现形式。

　　对于那些服饰图案鲜明、具有较强装饰效果的服饰，可注重对图案进行描绘，采用平面化的表现形式，简化服饰结构及立体关系，不过多强调立体感及空间感（图3.5）。当然，装饰的表现形式也可二者兼之表现在同一画面上，但要处理好立体与平面的相互转化关系。立体与平面的转化关键在于转折，转折决定形体个性和力度感受。除了注重服饰结构的转折，还要注重服饰与形体的转折关系，观察了解不同服饰结构及面料所形成的转折形态，有助于理解和表现服饰的平面形态与立体形态。服饰的结构与形体之间存在着密切的相互转化关系，只有明确了这种关系，才能表现出服饰结构的合理性和服饰细节的完整性（图3.6、图3.7）。

图3.5 《服饰》| 马梦云，指导教师：山雪野、王洋

图 3.6 《线描服饰》｜宋岩，指导教师：山雪野、
刘蓬

图 3.7 《线描服饰》｜陈梦，指导教师：山雪野

3.4　面料与质感

　　服饰面料形态的特质是服饰素描写生中需要重点研究的课题。不同的服饰面料会呈现
不同的视觉肌理和质感特征，而不同的视觉肌理也能呈现不同的效果。因此，在服饰素描
写生中要格外重视这一要素的表现。在绘画之前，要对服饰的面料进行全面仔细的观察，
除了靠视觉上的感知和认识，也可通过用手触摸来感觉服饰面料材质的肌理，以获得真实
的体验。服饰面料质感的呈现，一是由服饰面料自身材质的肌理效果决定的，服饰面料种
类繁多，大致分为厚薄、柔软、粗糙、细腻、透明、蓬松等。不同的面料会呈现出质感特
征，有的服饰是由单一材质构成的，而有的服饰则是由多种材质构成的。二是由光线的强
弱、方向等因素决定的。强烈的光线和柔和的光线照射在不同质地的面料上，会产生不同
的质感特征，如图 3.8 所示。

图3.8 《晚礼服》| 藏小红，指导教师：山雪野

　　服饰是通过明暗色调来呈现其质感的，服饰面料是通过对质感的表现传达出来的，而质感只有通过层次分明的色调对比和丰富的色调变化才能呈现其自然形态，即使是单一的面料材质也能产生丰富的色调变化，表现出服饰的色泽感和质地感，烘托出服饰的逼真感，呈现极具魅力的视觉效果。所以，在观察时要对服饰的面料质感特征高度敏感，能够准确辨别各种面料的材质及其质感特征，运用恰当的表现技法，真实地表现出服饰的质感特征，把质感变成美感（图3.9、图3.10）。

图 3.9 《有羽毛的头饰》| 山雪野

图 3.10 《金属头饰》| 学生作品，指导教师：山雪野、孙梦柔

【思考与实践】

（1）认识、理解在服饰素描写生中改变传统的观察方法的重要性。

（2）在服饰素描写生中，如何提高观察上的深刻性？

（3）如何理解服饰素描写生中"设计在先"的造型理念？

CHAPTER FOUR

第 4 章
服饰素描写生的工具与材料

第4章

服饰素描写生的工具与材料

【 本章引言 】

　　服饰素描写生可用的绘画工具和材料已不再局限于传统的绘画工具和材料，有了更加广泛的选择。不同服饰面料在外观及性能上存在差别，为了能充分表现这些材质，既可采用不同的表现技法，也可尝试不同工具和材料的运用。在绘画实践中，多种绘画工具和材料的灵活运用，会增加作品的艺术表现力，收到意想不到的艺术效果。

4.1　工具的选择

1. 铅笔

铅笔（图 4.1）是学习素描最为常用的绘画工具，品牌种类众多。它的软硬度等级有数十种，既可以画出无限的素描层次和色调，也可以画出粗细、深浅变化的线条，还可以反复修改，是一种极富表现力的绘画工具。图 4.2 所示的作品就是用铅笔创作的。

图 4.1　铅笔

图 4.2 《头饰》｜李思思，指导教师：山雪野、孙梦柔

图 4.3　炭笔

2. 炭笔

　　炭笔（图 4.3）也是素描常用的绘画工具，炭笔也分软硬度，与炭精条相似，除黑色外也有棕色，有方圆，粗细之分。因为这类工具附着力较差，炭粉易脱落，所以画面完成后需要用定画液固定画面。炭笔色调浓重，画面涂层不反光，黑白效果强烈，色调层次丰富。将炭笔与纸巾和擦笔结合使用，会出现晕染的绘画效果。画大面积时，与之属于同一类的炭精条和木炭条，成分及效果与之非常相近，可用于涂大面积的色调。炭笔常用来刻画局部细节，在表现服饰的质感和画面肌理时会产生极佳的效果，如图 4.4 所示。

图 4.4　《带羽毛的头饰》| 马梦云，
指导教师：山雪野、王洋

3. 色粉笔

　　色粉笔（图 4.5）有软、硬两种，较软的一种着色力较好，覆盖力强，有多种色阶，适合涂大面积的色调，可使画面色调层次丰富、细腻；较硬的一种适合刻画细节，可画出纤细而流畅的线条。色粉笔因其附着力较弱，要选择专用的色粉纸和在表面粗糙的纸张上作画，并在画完之后用定画液进行固定。色粉笔在表现服饰的色调及质感上具有其独特的效果，如图 4.6 所示。

图 4.5　色粉笔

图 4.6　《头饰》｜山雪野

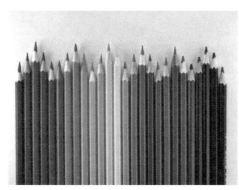

图 4.7 彩色铅笔

4. 彩色铅笔

彩色铅笔（图 4.7）的种类较多，色阶丰富。通常，浅色的彩色铅笔笔芯较硬，而深色或较鲜艳的彩色铅笔笔芯较软。由于彩色铅笔所绘的色调浓度较弱，画面层次效果略显单薄，有时候就需要反复涂绘，才能达到所需要的色彩纯度，将彩色铅笔用于线描，可绘出浓淡、粗细、强弱不同变化的清新线条，能使画面具有独特的韵味，如图 4.8 所示。

图 4.8 《头饰》| 山雪野

5. 针管笔

针管笔（图 4.9）的笔头是一根可上下活动的细钢针，它的型号不同，粗细也不同，最细的 0.1mm，可画较细的线条，最粗的 2.0mm，可画较粗的线条。作画之前可试一试不同型号的粗细效果，根据需要选择合适的型号。针管笔有几种颜色可供选择，如白色、银色、金色，这些颜色与黑色卡纸配合使用，会形成独特的画面效果。针管笔画出的线条流畅、顺滑、粗细均匀、整齐、具有层次感，既可线绘，也可点绘。针管笔的运用使线描变得更加方便，其线条具有硬朗、锐利、干净的画面效果，非常适合表现具有装饰效果的服饰绘画作品，如图 4.10 所示。

图 4.9　针管笔

图 4.10　《头饰》| 程茗，指导教师：
山雪野、刘蓬

图 4.11 自动铅笔

6. 自动铅笔

自动铅笔（图 4.11）与针管笔相似，根据铅笔芯的粗细、软硬有不同的型号，使用极为方便。由于自动铅笔除了具有针管笔特点，还具有铅笔的特性，可根据绘画者的使用力度产生轻重、虚实、浓淡的变化，既适合打轮廓画出均匀的线条，也可以排列线条画出丰富的色调，画面效果清晰、线条流畅，是服饰素描写生中线描表现的主要工具之一。图 4.12 所示的少数民族服饰就是使用自动铅笔创作的。

图 4.12 《少数民族服饰》| 李修晨，
指导教师：山雪野、刘蓬

7. 纸擦笔

纸擦笔（图 4.13）通常都是用宣纸制成的，根据粗细、软硬有不同的型号，大号的笔较软，可用来擦拭较大面积的色调；小号的笔较硬，可用来表现细节。纸擦笔一般用于服饰质感的表现，尤其是表现表面光滑细腻的面料和纱质的面料，会产生独特的效果。纸擦笔既可以用来减弱笔触，起到统一色调的作用；也可以在擦拭的过程中根据力度不同形成不同的笔触变化和肌理效果。纸擦笔是服饰素描写生中必备的工具之一，在绘画过程中尝试与不同的纸张结合使用，会达到独特的画面效果。图 4.14 所示为使用纸擦笔擦拭后的画面效果。

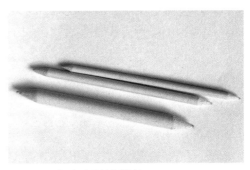

图 4.13　各种型号的纸擦笔

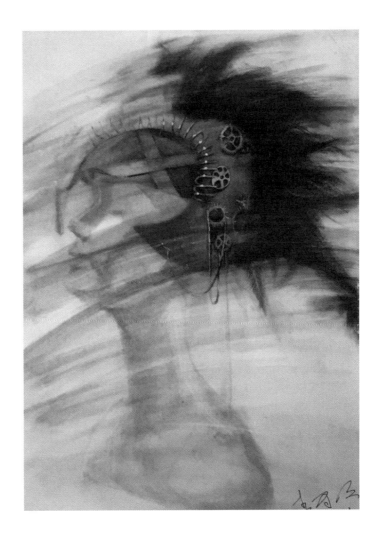

图 4.14　《头饰》| 李雨薇，指导教师：
山雪野、王洋

8. 橡皮

橡皮是服饰素描写生不可缺少的工具，不但可用来改错，也是素描表现的辅助工具。橡皮的种类较多，可根据自己的需要和所要表现的画面效果来选择。较软的橡皮（图 4.15）可用来处理画面的色调层次、调节色调的浓淡变化。较硬的橡皮（图 4.16）可用来提亮高光，用橡皮的棱角擦出各种白线，制造漂亮的笔触，可把它当作白色的画"笔"来用。另外，还有橡皮泥、电动橡皮等，都为绘画者提供了多种选择，也使许多绘画技法的实现成为可能。

图 4.15 较软的橡皮

图 4.16 较硬的橡皮

4.2 纸张的选择

服饰素描所用的纸张较广泛，有效地利用纸张的特性，能增加素描的表现力。美术用纸的种类有素描纸、色粉纸、水粉纸、水彩纸、卡纸、宣纸、牛皮纸等。使用者应结合绘画工具进行选择。

1. 素描纸

素描纸是素描绘画的专用纸，有很多品牌，纸质有粗纹和细纹之分。不同品牌的素描纸，颜色略有差别，可根据自己的喜好和所需的画面效果来选择。图 4.17 所示为各种纹理的素描纸。

图 4.17 各种纹理的素描纸

　　粗纹素描纸在绘画时容易上调子，肌理效果明显，适合表现粗糙的面料，如棉麻、毛呢、棉织类等（图 4.18）；而用细纹素描纸画出来的调子细腻、均匀，具有逼真感，适合表现光滑面料，如绸缎、皮革服饰（图 4.19）和金属饰品等。

图 4.18 《服饰素描》| 郭姝君，指导教师：山雪野、孙梦柔

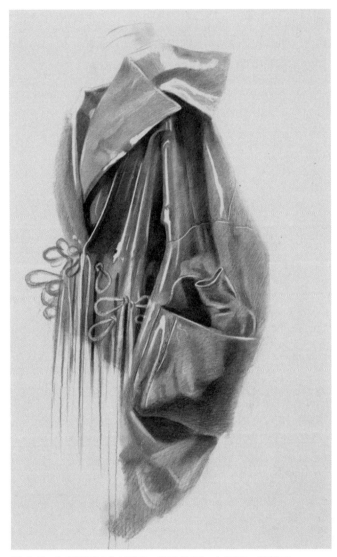

图 4.19 《皮革服饰》| 韩震，指导教师：山雪野、孙梦柔

2. 色粉纸

　　色粉纸是经过特殊加工的、带有颜色的色粉画专用纸，纸张有粗细之分，两种在使用上也有很大区别。粗纹纸适合中长期作业，其质地十分坚固，不易褪色，色粉附着力强，色调层次丰富。细纹纸较薄，其坚韧度不够，不适合反复涂改，更适合短期作业。图 4.20所示为各种颜色的色粉纸。由于每种纸张都有其特殊的表面肌理效果，可用来表现特殊的服饰面料效果，因此，在服饰素描写生过程中，应根据自己所表现的服饰需要来选择不同纹理和颜色的纸，如图 4.21、图 4.22 所示。

图 4.20　各种颜色的色粉纸

图 4.21 《服饰小稿》| 马兰，指导教师：山雪野

图 4.22 《衣袖褶皱》（黑色粉笔，白色颜料，蓝灰无尘纸）| 费雷德里克·雷顿（1860 年）

图 4.23　黑色和白色的卡纸

3. 卡纸

绘画上最常用的卡纸有黑色和白色（图 4.23）。卡纸的质地平滑，坚挺厚实。有的卡纸一面是不光滑的，另一面是光滑的；有的卡纸两面都是光滑的。

绘画时多采用不光滑的一面作画。用黑色墨水的针管笔在白色卡纸上表现服饰线描时，画出的线条清晰、锐利，画面平整、细腻，可形成特殊的画面效果（图 4.24）。

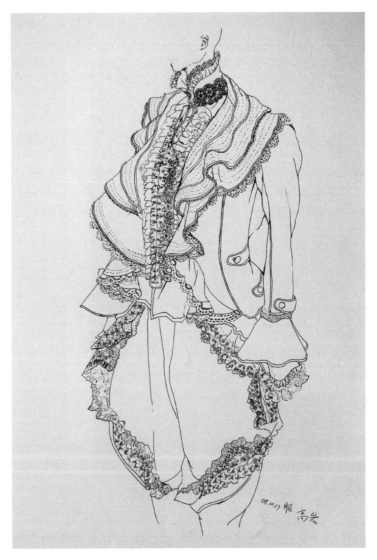

图 4.24 《线描服饰》| 高岩，
指导教师：山雪野

　　在黑色卡纸上可使用白色、银色或金色针管笔用线描的形式表现服饰，画面黑白对比强烈（图 4.25）。图 4.26 所示的学生作品采用彩色绒线进行局部粘贴，重点表现服饰图案。黑色卡纸与其他媒介结合应用，也会形成独特的画面韵味。

图 4.25 《线描服饰》| 冯暄贺，指导教师：山雪野

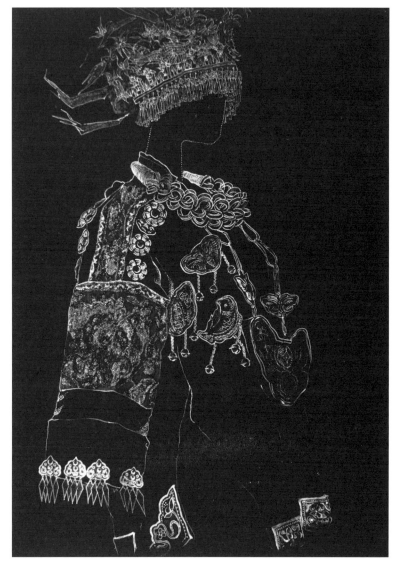

图 4.26 《民族服饰线描》| 丁艺欧，指导教师：山雪野

4. 特种纸张

在服饰素描写生中，可用于绘画的纸张品种较多，其性能及用途也不同，如水粉纸、水彩纸、牛皮纸及各种颜色的手工纸等。在选用带有颜色的特殊纸张时，不宜选择色彩较纯，颜色较鲜艳的纸张。

这些特种纸张（图 4.27）都具有特殊纹理和色泽，结合各种工具的运用，往往会产生独特的画面效果，如图 4.28、图 4.29 所示。

图 4.27　特种纸张

图 4.28　《头饰》｜肖雯，指导教师：山雪野

图 4.29　《服饰局部》｜齐典，指导教师：山雪野

【思考与实践】

（1）理解绘画工具和材料的应用与绘画语言的关系。

（2）尝试使用各种不同的绘画工具和材料。

第 5 章
服饰素描写生的表现方法

第 5 章

服饰素描写生的表现方法

【本章引言】

在绘画艺术中，技术与艺术的结合是相辅相成的。良好的素描表现技巧和作画方法，有助于表达造型的准确性和严谨性，是素描作为造型艺术的基础。

具象的写实性服饰素描写生是创意服装画和服装效果画表现技法的基础。它要求画面构图完整、结构严谨，所表现和描绘的对象要具体、深入、真实；要求服饰素描的基本造型因素都要体现出来，如线条、色调、结构、质感、体积和空间等，并根据服饰的特征在画面上形成特定的侧重点，这是服饰素描基础训练中必须掌握的一项重要内容。

5.1　服饰素描的色调表现

色调是表现服饰色彩与质感的最佳媒介，并能在描绘单色服饰时完美地体现出独特的艺术魅力。色调表现是服饰素描写生训练的重要课题，也是写实性服饰素描重要的表现技法之一。色调能体现出服饰的立体造型特征，通过明暗色调的运用，对服饰的结构、体积、空间、质感进行更充分的表现。色调表现能够调动学生的主观能动性，是学生艺考前绘画训练的有效途径，也是与专业绘画训练的衔接与过渡。色调表现的造型因素，是服饰素描写生中色调表现学习与研究的重点。掌握了色调表现的适型因素，就可以将不同服饰的款式、结构准确地表现出来，也能够对不同服饰的固有色及质感进行直观、生动的表现。当服饰以其生动的外表呈现在我们面前，如何以一种新鲜的感官感知这个服饰物象所呈现的造型、色彩、肌理、质感、形态及明暗，并利用色调去表现这些因素，将成为我们面临的一个新的研究课题。

5.1.1　色调表现的要求

色调表现要求学生具备一定的绘画基础和造型能力，注重对形体结构的理解，具备较强的形体空间意识，表现出服饰与形体的空间合理性，这样才能准确地描绘客观服饰形象。

在服饰素描写生过程中，要求学生掌握色调表现的要领，在确定大的明暗层次和黑、白、灰关系时，要充分调动暗面、灰面、亮面来完成对服饰的阐述。要求学生深刻理解决定色调的因素：一是由光线影响的明暗因素，光源照射的角度导致明暗色调的产生；二是不同的固有色产生的明度变化及因光线的强弱而形成的明暗色调变化，把握明暗色调的微妙差异，是准确、生动地表现对象的前提，如图 5.1 所示。

在色调表现中，要求画面结构严谨，但不要求画面大而全；应确定一个引人注目的视觉焦点，然后用色调对其进行细致刻画；应充分描绘对象的典型形态特征，表现上要具体、深入、真实；服饰的质感要表现得淋漓尽致，力求细腻、逼真；对某些可能会影响整体画面的细节，则要忽略或概括处理。在服饰形态的处理上，可以利用明暗色调的变化塑造服饰的空间深度，强化光线的统一性，保持明暗色调与光源的一致，以达到画面的整体性（图 5.2）。

图 5.1 《头饰》| 山雪野

图 5.2 《有图案的礼服》| 佟明馨，指导教师：山雪野、王洋

　　总之，只有提高对服饰的视觉与感觉能力，有效地把握服饰的结构特质，才能达到充分表现服饰的目的，这种训练可提高学生深入塑造服饰的能力，为今后的设计创意打下坚实的基础。

5.1.2　色调的质感表现

　　色调的质感表现非常重要，有的是出于绘画者对突出材质美的追求，有的是出于设计师对服装设计的需要。自然形态下的服饰结构和质感特征，只有通过色调的对比和色调变化才能呈现其自然形态，并烘托出服饰的真实感。因此，在作为基础训练的服饰素描写生中，对服饰质感的表现是服饰素描的重点之一。

1. 丝绸

丝绸质地柔软光滑，高光和反光明显。在用色调表现时，既要用强烈的明暗对比来表现面料的光泽，也要用柔和的笔触和层次丰富的中间色调来表现其圆润而细腻的特殊质感（图 5.3）。

先用较软的笔（铅笔或炭笔）涂上大的明暗色调，再用纸（纸巾或纸质笔）擦拭出黑、白、灰关系，然后用削尖的笔进行深入刻画，要仔细观察其特点，避免笼统化和概念化。因丝绸礼服褶皱较多，要对高亮度的衣褶有选择地进行表现，用较硬的橡皮提出高光处，要画出丝绸特有的材质特点（图 5.4）。

图 5.3 《礼服》| 王亮，指导教师：山雪野、孙梦柔

图 5.4 《礼服》| 山雪野

2. 毛纺类

毛纺类服饰面料的质地厚重、无光泽，衣褶数量较少。用色调表现毛纺类面料可先用较软的笔（铅笔或炭笔）铺大色调，用大的块面塑造服饰面料的起伏和立体感，可利用纸本身粗糙的肌理来表现毛纺类面料的特殊效果（图5.5、图5.6）。

图 5.5 《礼服》| 韩雪，指导教师：山雪野

图 5.6 《服饰》| 金圣林，指导教师：山雪野、刘蓬

3. 棉织类

棉织类服饰面料种类很多，色彩和图案极其丰富，质感差异很大，既有轻薄的、皱褶较多的面料，也有较挺括的面料，如牛仔布。

对棉织类服饰面料的表现是多种多样的，尤其是对装饰图案的描绘，要准确观察服饰图案纹样的特点，注意图案纹样与服饰形态的转折关系及透视变化，不能简单地平面化处理，避免与服装脱节。同时，还要注意图案上的明暗变化，保持与光线的统一，否则在视觉上会缺乏真实感。图 5.7 中很好地处理了图案与服装的转折关系。而图 5.8 中注重对面料上装饰条格的处理，把握条格图案与服装褶皱的转折关系，利用虚实、浓淡的色调变化很好地表现出了棉织类服饰面料的材质特征。可以尝试选用不同工具和不同的纸张，采用不同的技法进行表现。

图 5.7 《牛仔服》| 山雪野　　　　图 5.8 《服饰素描》| 林琳，指导教师：山雪野

4. 针织类

针织类服饰面料的质地柔软，薄厚差异较大，轮廓线条圆润，色泽柔和，针织方法多样。绘画时，要用松散的笔法和轻松的色调来表现，在衣纹和明暗转折处刻画出针织纹理细节；服饰图案要符合针织纹理变化，不可平涂处理，亮部细节可省略，暗部可虚化处理，避免出现生硬、锐利的笔触；可以尝试使用不同的工具和纸张，采用不同的技法进行表现。铅笔、炭笔、色粉笔及彩色铅笔等，都可以用来表现针织类服饰（图5.9、图5.10）。

图 5.9 《针织类服饰》| 山雪野

图 5.10 《针织类服饰》| 薛炎，指导教师：山雪野

5. 皮革类

皮革类服饰硬朗、坚韧，衣褶形态明显，富有张力，明暗差异大，黑白对比强烈（图 5.11）。

如图 5.12 所示，用色调表现皮革材质的服装时，通常采用浓重的调子表现暗部，在向高光区过渡时，色调层次不宜过多，因皮革材质受光线和环境影响较大，所以对高光和反光部分的表现要准确充分，这样才能表现出皮革特殊的质地。

图 5.11 《鞋子与纸袋》| 高璠，指导教师：山雪野、孙梦柔

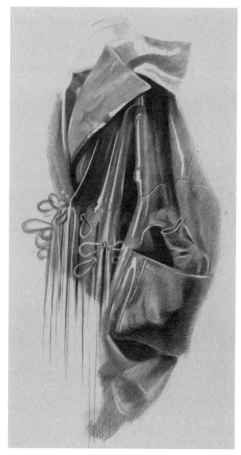

图 5.12 《皮革类服饰》| 韩震，指导教师：山雪野、孙梦柔

6. 羽毛类

柔软、蓬松是羽毛最典型的特征。在实际写生中，为了追求这种感觉，往往会忽视对"型"及体积感的表现。在表现各类羽毛类服饰时，要注重分析其自然结构，运用轻松、灵活、虚实变化的笔法，画出羽毛的色调层次，避免僵硬死板，否则将会失去自然、生动的特性（图 5.13、图 5.14）。

图 5.13 《带黑色羽毛的头饰》| 金圣林，指导教师：山雪野、刘蓬

图 5.14 《头饰》| 赵舒雨，指导教师：山雪野、孙梦柔

7. 纱类

纱类服饰由于纱质轻盈、透明的材质特性，叠透效果明显，在绘画时可用大面积的浅色调铺底，在纱料重叠堆积处可用较深的色调表现，在较薄透明处可用橡皮轻轻擦出皱褶的边缘，露出重叠的轮廓线，以表现纱质面料的通透性（图 5.15）。在表现深色纱质面料时，要注意运笔的虚实、色调的深浅变化，以表现出纱质面料轻盈飘逸的形态，如图 5.16 所示。

图 5.15 《纱裙》｜桂琳，指导教师：山雪野

图 5.16 《深色纱质礼服》｜马芸莺，指导教师：山雪野

8. 金属类

金属在服饰中往往是以点缀的形式出现的，如项链、牛仔服的金属装饰、鞋夹、手提包拉链等，也有少数民族的头饰和为特殊服饰造型而设计的带金属装饰的头饰，如图5.17所示。

图5.18是完全用金属制作的苗族头饰，在表现这类金属饰品时，应充分利用色调表现的优势，采用超写实的表现手法，对其特殊的金属质感及细节进行细致的表现，使关键部位的刻画成为视觉焦点。

图5.17《带金属装饰的头饰》| 胡玥，指导教师：山雪野、郭瀚元

图5.18《民族头饰》| 李婷玥，指导教师：山雪野、孙梦柔

5.1.3　色调表现构图练习

　　服饰素描写生最终完成的作业要求构图具有完整性和创新性。通过服饰素描写生的一些基础练习，在画正稿之前，要画 4 张 16 开的素描构图稿，通过构图稿来确定想法和构图。

　　如何构图，选择哪个角度来表现服饰，画面视觉中心在什么位置？同时，选择什么样的工具和纸张来绘画，这些都可以通过绘制构图稿来确定。通过仔细研究和精心设计的构图，看一看是否达到了预想的效果：所选择的服饰或头饰是整体还是局部？是哪个角度的构图？服饰或头饰所占的位置和比例是否协调、均衡？重点突出哪些素描元素？能否达到自己预想的画面效果？不同角度的构图如图 5.19 所示。

　　每款服饰或头饰都可以选择不同的构图工具、纸张来创作，尝试多种构图形式，多种绘画表现技法，把自己对客观服饰的感受充分地表达出来，使画面既有合理性又有艺术趣味性，如图 5.20 所示。

　　只有明确了对色调结构的组织、色调层次的变化是局部应用，还是完整的色调范围，才能够在上大稿时做到心中有数，同时在往下进行的过程中不至于有较大的改动。因此，小的构图稿是必不可少的，它的目的是确定构图、作画角度、比例、位置、工具和材料、视觉中心，以及预期达到的效果等。使用不同工具和材料表现的构图稿如图 5.21 所示。

图 5.19　不同角度的构图

图 5.20　不同角度的构图稿

图 5.21　使用不同工具和材料表现的构图稿

5.1.4　色调表现的作画步骤

在掌握一定的表现技巧之后，允许突破某些步骤的束缚，一幅画的描绘步骤，可多可少，没有限制。在符合客观依据的前提下，可充分发挥个人的想象力和创造力。为了能获得更加理想的画面效果，可以不拘常法，进行特殊的艺术处理，这也是服饰素描写生最终的专业目标和要求。

1.《头饰》色调表现作画步骤

《头饰》实物头饰照片，如图 5.22 所示。

（1）选择角度，确定构图。首先选择你感兴趣的、最能体现服饰特征的角度，并确定画面的视觉中心（一幅画面可有一个焦点），再用轻而淡的直线画出大体轮廓与整个头饰的形体关系。注意，夸张的头模造型使颈部的比例拉长了许多，这样才能充分体现模特修长、挺拔的形象特征，表现出长发头饰的造型特点（图 5.23）。

图 5.22　《头饰》实物照片

图 5.23　选择角度，确定构图

（2）确立明暗，塑造形体。在大的明暗关系确立以后，用较深的色调涂上暗部，建立头部及头饰的立体形态和空间关系。同时，根据光线的角度确定明暗交界线的位置，由于头饰的形态不同，其明暗交界线的状态也不尽相同。明确这一点，对于立体感的表现和细节的刻画十分重要。在塑造大的形体阶段，应注意高光、受光面、背光面、暗部、反光面，以及浅灰面这几处明暗关系的对比关系。这时，可用纸巾或纸擦笔擦拭浮在纸面上的笔触，使色调更柔和、暗部更通透。要体现素描关系，就要分清头饰的空间层次及虚实变化（图5.24）。

（3）循序渐进，深入刻画。这一步要求重点刻画头饰，注意表现帽子上几种浅色调的微妙变化，以及光滑面料的材质特征：准确画出帽子内轮廓线的透视关系，暗示出头部的体积感。这款头饰是经过精心设计的，对其发式需要重点刻画，将头发分成组并确立刻画的重点。先用较软的铅笔涂大的明暗色调，画出明暗交界线，要同整体的明暗交界线相统一。再用较硬的铅笔刻画细节，注意要描绘出几个主要发式编结的肌理效果，要有前后空间层次和虚实强弱变化的节奏，避免机械、生硬（图5.25）。

图5.24 确立明暗，塑造形体

图5.25 循序渐进，深入刻画

　　（4）回到整体，加强对比。用浓重的深色调画出头模的立体结构，加强对五官的刻画，要充分表现头模坚硬、光滑的材质特征，使其与柔顺的头发的质感形成鲜明对比，凸显画面的细节重点及质地特征，做到有繁有简、主次分明；同时，让所有的细节都依附在头饰大的形体关系上，使头饰的形体特征和质感特征更加鲜明、强烈（图 5.26）。

　　（5）极致刻画，调整完成。最后回到整体观察，确定各部分之间的关系是否表现到位，找出被忽略的细节，对关键的头饰细节和质感特征进行极致刻画（图 5.27）。

图 5.26　回到整体，加强对比　　　　　　　　图 5.27　极致刻画，调整完成

2. 《白色羽毛头饰》色调表现作画步骤

《白色羽毛头饰》实物照片如图 5.28 所示。

（1）选择角度，确定构图。把白色羽毛头饰作为表现重点，不要求完整表现，对头模的五官进行简化处理，选取最能体现头饰特征的角度来确立构图，然后用轻而淡的直线画出大体比例和头饰轮廓的形体关系（图 5.29）。

图 5.28 《白色羽毛头饰》实物照片

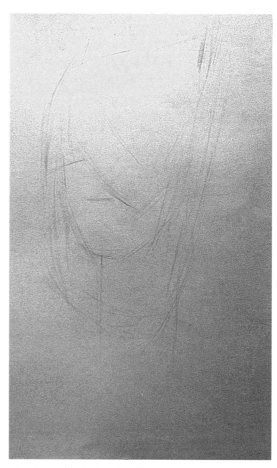

图 5.29 选择角度，确定构图

　　（2）确立明暗，建立整体。确立大的明暗关系，建立头饰的立体形态和空间关系，根据光线的角度确定明暗交界线的位置。由于这款头饰是白色羽毛材质，对其形态和明暗交界线的表现要更加柔和，同时应注意明暗的整体统一，对轮廓线也不要画得太重，要留有余地，能分清头饰的空间层次和虚实变化即可（图 5.30）。

　　（3）局部刻画，突出重点。这一步可从局部重点刻画头饰，注意观察羽毛上色调的微妙变化和质感特征，用较淡的色调暗示出头部的体积感。对羽毛的层次感和虚实变化进行重点刻画，切忌画得机械、生硬和面面俱到（图 5.31）。

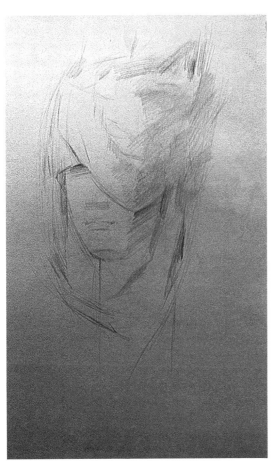

图 5.30　确定明暗，建立整体

图 5.31　局部刻画，突出重点

（4）深入刻画，强调对比。把握头饰上羽毛的质感与其他材质形成的鲜明对比，对头饰的细节进行深入刻画，其他部分可作概括处理，使画面有繁有简、主次分明，使这款头饰的形态特征和质感特征更加鲜明（图 5.32）。

（5）极致刻画，调整完成。最后突出画面焦点，加大整体画面的主次、虚实和黑白对比关系，对头饰细节和质感特征进行极致刻画，充分表现头饰材质对比所呈现的美感（图 5.33）。

图 5.32　深入刻画，强调对比

图 5.33　极致刻画，调整完成

5.2 服饰素描的线描表现

线由点集合而成，进而构成了面。线体现了点的运动轨迹，并通过自身的运动形成了面。由于线连接了点和面，因此具有强大的表现力，在人们的生活空间里广泛存在。线所具有的独特艺术美感和表现力，使其在服装设计中应用广泛。不同线条的排列设计能够创造出丰富的艺术形态，给普通的服装带来生命力。作为服装设计基础元素的线，在带给人们审美享受的同时，还能传达出不同的情感，从而让服装更具有表现力（图 5.34、图 5.35）。

图 5.34 《头饰》| 高馨悦，指导教师：山雪野

图 5.35 《头饰》| 马青青，指导教师：山雪野

图 5.36、图 5.37 所示的作品运用富于变化的绘画性线条表现头饰，线条自然、生动。

图 5.36 《服饰》| 陈汇婷，指导教师：山雪野、孙梦柔

图 5.37 《头饰》| 张鹭，指导教师：山雪野

　　而图 5.38、图 5.39 所示的作品则采用现代装饰的手法，强调点、线、面与黑、白、灰的构成元素，用丰富的装饰语言把服饰和头饰表现得淋漓尽致。

图 5.38 《服饰》| 谢邦峰，指导教师：山雪野、孙梦柔

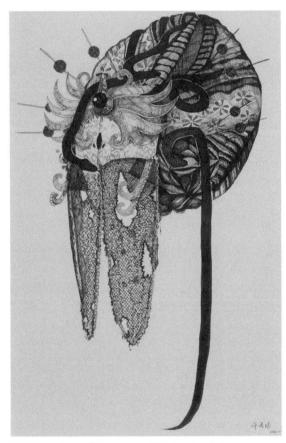

图 5.39 《头饰》| 许诺嫣，指导教师：山雪野

5.2.1　线描表现的要求

在服饰素描写生中，如果对线条的特性把握得不好，会使画面大打折扣，导致服饰形象特征表现不充分或缺少变化。在千变万化的服饰造型和服饰形态中，只有抓住服饰的本质特征，调动各种线条造型手段，特别是把握住线条力度的对比，如深浅、粗细、长短、虚实、疏密、刚柔等关键性要素，才能把观察到的服饰形态特征生动地表现出来。

服饰素描写生的线描表现，无论是观察方法还是表现形式都不同于艺考前的绘画基础训练，线描构图练习的过程也是转变绘画观念的过程，需要拓宽视野，增强创新思维，强调设计在先的绘画理念。显然，对于服饰设计来说，线是描绘服饰形态不可缺少的基础。线条训练最好的方法就是坚持多练习速写和白描，同时要研究不同绘画类别的用线规律，以及衣纹、衣褶中线条的艺术处理。许多绘画大师的经典线描作品都是值得我们学习和借鉴的，应深刻体会其作品中不同线条的审美感觉和艺术价值。例如，法国古典绘画大师奥古斯特·多米尼克·安格尔的人物肖像素描（图 5.40），捷克画家阿尔丰斯·穆夏的装饰绘画作品（图 5.41），其严谨写实且极具装饰性的线条使作品具有强烈的艺术感染力。

图 5.40 《人物肖像素描》｜［法国］奥古斯特·多米尼克·安格尔
（1780—1867 年）

图 5.41　装饰绘画作品 |［捷克］阿尔丰斯·穆夏（1860—1939 年）

在服饰作品创作过程中，首先应该考虑用什么样的绘画工具和材料，会产生什么样的画面效果；然后在写生实践中不断进行尝试，寻找与特定的服饰形态搭配的绘画工具和材料，以及线描表现语言，提高运用线条造型的能力，以达到最佳的画面效果（图 5.42 至图 5.45）。

图 5.42 《头饰》| 山雪野

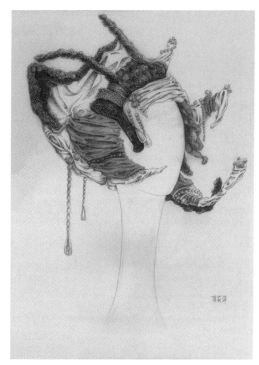

图 5.43 《头饰》| 蒋莉萍，指导教师：山雪野

图 5.44 《头饰》| 李涵瑀，指导教师：山雪野

图 5.45 《服饰》| 段迎迎，指导教师：山雪野

5.2.2　线描的质感表现

在时装画中，线条除了可以表现人体造型及服饰形象，还具有表现体积、结构、空间感和情感的作用。运用线条的粗糙与光滑、深与浅、连与断、曲与直、浓与淡、粗与细的变化，还可以表现服饰的质感。在服饰素描写生中，线条对质感的表现虽然不如明暗色调表现得那么充分和强烈，但在表现特定服饰的材质时，线条依然具有优势，而对于采用何种线条描绘特定服饰的材质，取决于个人的不同感悟。

1. 丝绸类

由于丝绸的质地柔软光滑，在用线描表现时，可采用深浅、虚实、粗细变化的线条来表现，强烈的对比线条可用来表现面料的主要衣纹，柔和、舒缓的线条可用来表现较浅的衣纹。另外，也可用点绘线表现丝绸类服饰的衣纹，塑造出服饰圆润而细腻的特殊质感，如图 5.46、图 5.47 所示。

图 5.46 《礼服》| 由洁，指导教师：山雪野　　　　图 5.47 《服饰》| 王露，指导教师：山雪野、刘蓬

2. 毛纺类

用线描表现毛纺类服饰时，弧线和折线可以表现出毛纺服装厚重、挺括的感觉，尤其在服装的转折处，尽量用方钝角和圆弧来表现面料的厚重感；再用较细的笔以轻重、浓淡变化的线条刻画出面料的纹理，表现出面料真实的图案变化，如图 5.48 所示。

在表现毛纺类面料时，也可运用点绘线顺着服装的起伏、转折走向进行描绘，将实线和虚线相结合，表现出逼真的面料效果，如图 5.49 所示。

图 5.48 《线描服饰》｜宫玥，指导教师：山雪野、孙梦柔

图 5.49 《线描服饰》｜唐宇昕，指导教师：山雪野

3. 棉织类

棉织类服饰面料有薄厚、软硬之分，颜色和图案也十分丰富。用线描表现棉织类服饰时，要根据面料的特性，采用变化丰富的线条，比如较柔和厚重的面料，衣褶线相对圆润，可用舒缓的、具有浓淡及虚实变化的弧线表现，在形体及衣纹的转折处，尽量避免出现生硬、锐利的线条，否则会失去面料软厚的质感；而对一些硬质棉布，则应采用干净利落的直线或折线表现，如图 5.50、图 5.51 所示。

图 5.50 《线描服饰》| 吴金萍，指导教师：山雪野

图 5.51 《线描服饰》| 马芸莺，指导教师：山雪野

4. 针织类

针织类服饰面料的针法肌理有紧实、蓬松、粗细之分。由于这类面料表面的肌理粗而毛，所以可用较柔和的线条来表现，也可用断线和点绘线来表现其特殊的质感。如图 5.52 所示，绘画者充分把握住了这款毛衣的纹理及造型特点，采用有色纸和彩色铅笔对编织的样式及外轮廓进行了准确描绘，呈现了逼真的效果。

又如图 5.53 中，绘画者运用变化丰富的线条描绘出了毛衣蓬松的针织效果。

图 5.52 《毛衣》｜邓垚，指导教师：山雪野

图 5.53 《针织服饰》｜郑晓涵，指导教师：山雪野、孙梦柔

5. 皮革类

由于皮革类服饰既有光滑、坚硬的材质，也有哑光、柔软的材质，且这两种材质在表现上差异也较大。用线描表现坚硬皮革类服饰时，因其自身结构线突出，衣褶较少，线条简洁有力，可采用粗细不同的直线和弧线；而对柔软材质的皮革类服饰，可采用不同深浅、粗细、虚实变化的线条表现其质感，如图 5.54 所示。

6. 羽毛类

羽毛在服饰上的应用较多，色彩也十分丰富，尤其在头饰上的应用方式更是多种多样，有疏密、薄厚、长短、粗细、深浅、软硬与直曲等。羽毛类服饰多采用较圆润的曲线来表现，通常按照其自然的肌理分簇、分绺来表现羽毛的形态，如图 5.55 所示。

图 5.54 《头饰》|肖雯，指导教师：山雪野

图 5.55 《头饰》|徐岩峰，指导教师：山雪野、刘蓬

在表现短而柔软的绒毛时，需注意线条的虚实、疏密变化，从而恰当地表现出羽毛那种柔软的视觉效果，如图 5.56 所示。

7. 纱类

纱类材质的服饰分为软、硬两种，因纱料属于透明材质，因此对于不同质感的纱料，应选择不同的线条来表现：较软的纱料，适合用舒缓的曲线或点绘线来表现，如图 5.57 所示；较硬的纱料，则适合用直线或折线来表现，如图 5.58 所示。

图 5.56 《头饰》｜汪光华，指导教师：山雪野

图 5.57 《纱裙》｜翟婉辰，指导教师：山雪野

图 5.58 《头饰》｜李书琳，指导教师：山雪野

8. 金属类

金属多是较硬的材质，多以服饰配件的形式呈现在服饰设计上，用来表现服饰的丰富性和生动性；也有单独采用特种金属作为头饰设计的。用线描表现金属的质感，可以结合工具材料的运用来达到预想的效果。金属的质感适宜用较硬的铅笔、炭笔和针管笔来表现，多采用弧线、直线、折线，运笔速度要快，力求以硬朗、锐利的线条表现出金属材质的特质，如图 5.59、图 5.60 所示。

图 5.59 《金属头饰》| 盖晶晶，指导教师：山雪野

图 5.60 《民族服饰》| 王思斯，指导教师：山雪野

5.2.3　线描表现构图练习

　　在服饰素描写生过程中，构图是基础练习。要想完成一幅完整而协调的作品，首先应考虑的要素便是构图（画面结构与布局）。构图是指画面各部分在所给空间上的组合与布置方式。对构图有重要影响的元素包括线条、形状、色彩、肌理和正负空间关系等。

　　在线描表现中，无论是表现服装还是头饰，是画单体还是组合，都要把构图放在首位来考虑。看似很简单的一件服饰，如果处理不好其比例、位置、正负空间关系，以及线条形态的组织等，即使你在绘画过程中非常努力，最终也很难获得一幅满意的作品。在掌握了一定的表现技巧之后，在符合客观依据的前提下，可以充分发挥个人的想象力和创造力，不拘常法地研究构图的不同应用方式，对所表现的服饰进行特殊的艺术处理，以获得理想的画面效果（图 5.61）。

　　在线描表现阶段，画正稿之前要进行小的构图稿练习，其目的是通过小的构图稿来确定想法和构图。如何构图、选取服饰的哪个角度、画面视觉中心在什么位置？是侧重表现服饰的立体空间形态，还是强调装饰的平面性表达？线条该如何组织？同时选取什么样的绘画工具和材料？这些问题都要在构图阶段进行讨论，这是整个线描写生课程的重要组成部分，也是必不可少的一个重要环节。

　　在画一幅大稿之前，通常要先画两幅构图稿，这两幅构图稿可以选择两组不同的服饰表现，用两种不同的绘画工具和材料表现（不同画笔与纸张的结合），看一看是否达到了自己预想的画面效果。每幅构图稿都能体现你的绘画观念和思考过程，同时也能体现你的研究和实践的结果，而这种实践的结果无论成功还是失败，你都可以从中获得经验（图 5.62）。

　　每款服饰都有多种表现的可能性，既可以表现服饰真实的、具象的三维形态，又可以表现二维平面形象。在线描表现中，不同绘画工具与材料的结合使用，都会产生不一样的画面效果。在尝试多种构图形式的同时，探索多种绘画表现技法，并选择合适的绘画工具与材料，往往能获得最佳的画面效果。把自己对客观服饰的感受充分表现出来，使画面既能准确表达服饰的合理性，又具有独特的有艺术表现形式，这就达到了构图训练的目的，如图 5.63 所示。

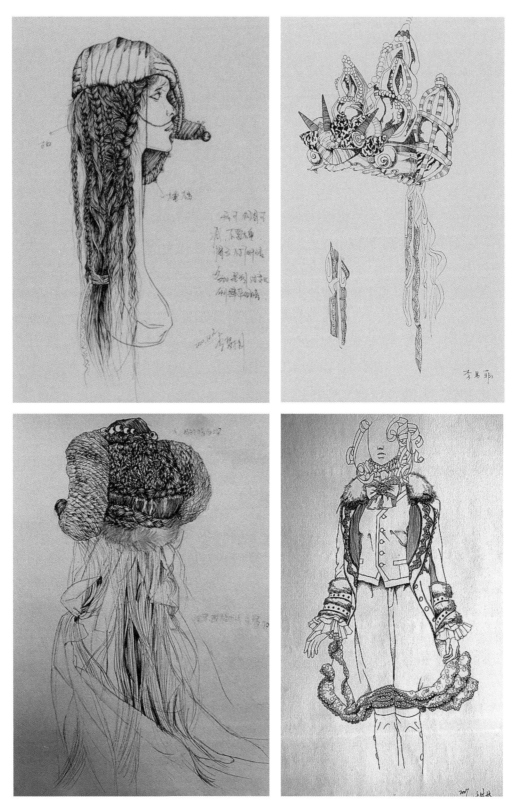

图 5.61 学生构图练习小稿

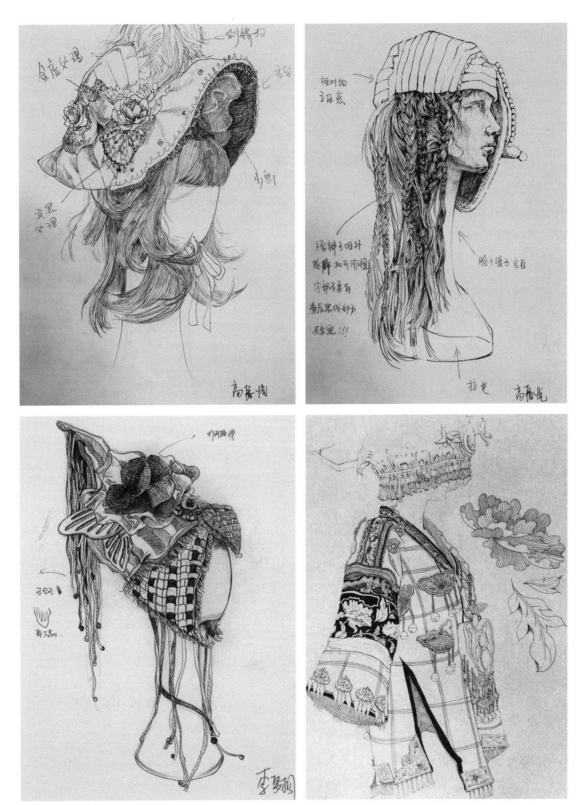

图 5.61　学生构图练习小稿（续）

图 5.62　局部练习小稿

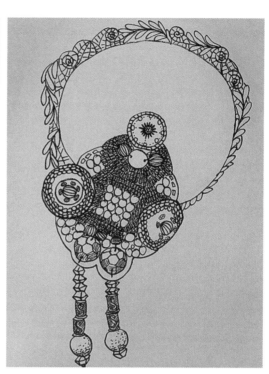

图 5.62　局部练习小稿（续）

图 5.63　不同工具和纸张表现的画面效果

图 5.63　不同工具和纸张表现的画面效果（续）

5.2.4　线描表现的作画步骤

　　服饰线描写生的作画步骤，可依据所要表现的服饰造型形态和材质特征来确定，又可依照个人的绘画风格和特点来设计作画方案，大的构思一经确立，既可局部进行描绘，也可自上而下或从左至右进行描绘，作画步骤可多可少。以图 5.64 所示的头饰作品为例，下面是表现头饰的几个重点步骤，以供参考。

　　（1）起稿确立构图和大体比例，准确把握头模的整体造型特征和结构关系。注意画面中正负空间关系的合理设计，用较淡的直线和弧线将头模及头饰的大形勾勒出来，重点注意大的轮廓特征，标出发型结构的组成，把握整体头饰造型的准确性。有时为了画面整洁，可将草稿复制到正稿上，以留下干净而准确的轮廓线，再深入细致地描绘（图 5.65）。

图 5.64　头饰实物照片

图 5.65　确立构图和大体比例

（2）深入刻画可从局部开始描绘，采用局部推画的方法，刻画的切入点可以自上而下、从左至右，也可以从所选定的画面焦点开始描绘，还可以根据个人作画习惯来决定。选用不同的线条来表现头饰上的每种材质，重点加强头饰材质部分的表现，注意头饰穿插的合理性及透视变化，而用连续、变化的细线表现出发丝的质感（图5.66）。

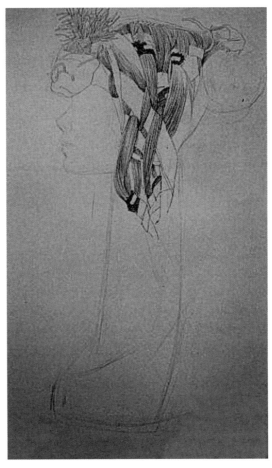

图 5.66　局部进行推画

　　（3）用简洁流畅的线条完成夸张的颈部造型。这种连贯流畅的线条，既要准确表现人物的颈部造型，又要避免线条的断续与修饰，尽量一气呵成，还要根据画面设计的需要，用单一的线条描绘五官及头模的轮廓，其中不添加任何内容，保留大面积的空白，以此与头饰形成强烈的疏密对比，使头饰形象更加鲜明（图 5.67）。

　　（4）接近完成时，观察画面是否达到了预想的效果。最后，调整画面的黑、白、灰关系，在头饰上增加涂黑的色块，以起到点缀的作用，增强画面的节奏感（图 5.68）。

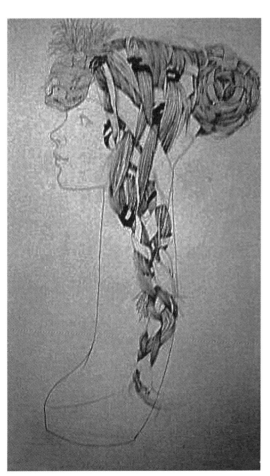

图 5.67　完成颈部造型　　　　　　　　　　　　图 5.68　调整画面的黑、白、灰关系

【思考与实践】

（1）如何探索具有本专业特点的素描表现形式？

（2）理解线描表现与专业设计之间的关联。

（3）选择同一服饰，运用不同的工具、材料和方法进行线描表现。

第 6 章
服饰素描作品欣赏

第 の 章

服饰素描作品欣赏

【本章引言】

　　在世界绘画史上，许多绘画大师留下了大量优秀的素描作品，这些作品体现了画家敏锐的观察能力和纯熟的绘画技巧，展现出深厚的素描功力。本章介绍的优秀服饰素描作品，无论是色调表现还是线描表现，都各具特色，非常值得我们学习和借鉴。

【服饰素描作品欣赏1】　【服饰素描作品欣赏2】　【服饰素描作品欣赏3】　【服饰素描作品欣赏4】　【服饰素描作品欣赏5】

作品欣赏1

　　法国画家安格尔的这幅素描作品用准确而富于变化的线条，同时略加明暗来表现头饰，用大面积的、轻松的色调来表现服饰的材质。画家用严谨的造型与精湛的技法，为我们做了经典的示范（图6.1）。

图6.1《约翰·麦基夫人》| [法国] 安格尔（1780—1867 年）

作品欣赏2

德国画家汉斯·荷尔拜因的线性素描具有重要的研究价值，他的作品强调外轮廓和整体剪影的形状，内部结构用相对轻松的方式呈现，使人物性格特点突出，画面精致而内敛，但是整体结构又非常严谨（图6.2）。

图6.2 《线性素描》| [德国] 汉斯·荷尔拜因（1497—1543年）

作品欣赏3

凡·高的素描无论是表现人物还是表现风景,其绘画语言都极其丰富。在图 6.3 所示的这幅作品中,点与线的组合变化无穷,值得我们在服饰写生中学习和借鉴。

图 6.3 《戴草帽的农民》| [荷兰] 凡·高(1853—1890 年)

作品欣赏4

在图6.4所示的作品中，法国画家亨利·马蒂斯用多变而富有魅力的线条表现出人物形象及服饰，用浓淡与虚实变化的线来表现头饰，而胸前接近平面化的图案则采用匀线处理，使其具有装饰效果，这些虚实、疏密、粗细等富于变化的线条组合，使画面形成了鲜明的对比，具有强烈的表现力和艺术感染力。

图6.4 《头戴羽毛帽的姑娘》|［法国］亨利·马蒂斯（1869—1954年）

作品欣赏5

在图 6.5 所示的服饰素描作品中，设计者对服饰所追求的材质美进行了充分的阐释，硬质面料做的裙饰和胸部的金属装饰，质感强烈；柔软的羽毛又给画面增添灵动与生命气息。作品的黑白对比强烈，中间色调层次丰富，主次关系与疏密关系明确，同时，设计者对画面视觉中心进行了极致的刻画，这些都表现出设计者较强的画面设计意识和素描造型能力。

图 6.5 《服饰》（铅笔，素描纸）| 由洁，指导教师：山雪野

作品欣赏6

图6.6所示作品的设计者对形体结构的塑造和对服饰质地的刻画有明显的优势，用色调表现服饰时，用点绘的表现手法对服饰进行超写实的描绘。此作品准确把握了人体动态及形体的空间透视，画面的主次关系鲜明、节奏感较强。

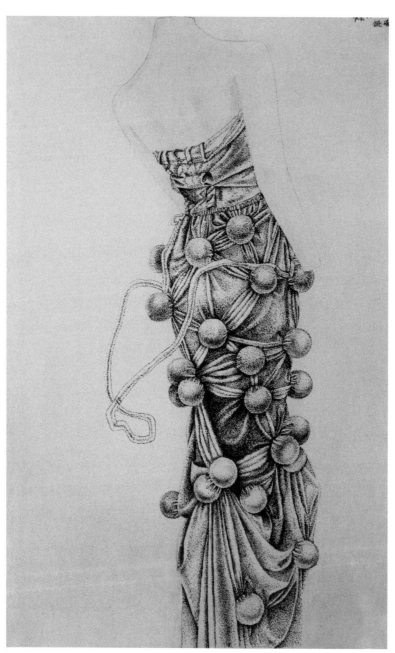

图6.6 《礼服局部》(铅笔点绘，素描纸) | 姚晓娜，指导教师：山雪野

作品欣赏7

图 6.7 所示作品的设计者把握住了这款服饰材质组合丰富、质感对比强烈的特征，对服饰形态点、线、面的构成，色调的黑、白、灰搭配等诸多因素进行了综合处理，使画面展现了线描语言的丰富性和细节刻画的深刻性。

图 6.7 《服饰》(针管笔，素描纸) ｜李修晨，指导教师: 山雪野、刘蓬

作品欣赏8

图 6.8 所示的作品为一款少数民族服饰，主要材质是土布（棉麻）、金属、丝线（制绣），金属饰品和刺绣需重点表现。先用铅笔轻轻打好轮廓，饰品的造型轮廓要精准，然后用浓重的铅笔把黑色的部分涂上；可利用素描纸的肌理把粗布的质感表现出来，再在深色调里注意表现衣褶的转折关系，同时把金属饰品的外轮廓清晰地衬托出来。接下来，用较硬的铅笔对金属饰品和绣品进行深入刻画，把不同的饰品材质表现出来，柔和的绣品与坚硬的金属形成强烈对比，丰富了画面语言，尤其是对头饰复杂细节的表现，更是做到了细致入微。层次清晰和富于逻辑性的项圈也增加了画面的秩序和空间感，面部与颈部的概括处理，以及较大面积黑色衣服的处理，都增加了画面的黑白对比效果，同时在繁简、疏密、主次、黑白关系、质感特征等方面都表达得非常准确。

图 6.8 《苗族服饰》（铅笔，素描纸）| 李璐，指导教师：山雪野

作品欣赏9

　　图 6.9 所示是一款用天鹅绒面料制作的服装，紧身柔软的服装面料体现出对形体的包裹感，也充分体现了人体的结构关系；而圆润的衣纹和不确定的光线折射出这类服饰面料的材质特点。设计者对光影进行了精心的描绘，先用大面积的中间色调铺出服饰的固有色，再用较浓重的铅笔对暗部进行刻画，然后用橡皮擦出亮部，在加深与提亮的同时，对细节进行了细致的刻画。在这幅画中，素描的基本要素都得到了充分的表现，因此是一幅非常优秀的服饰素描写生作品。

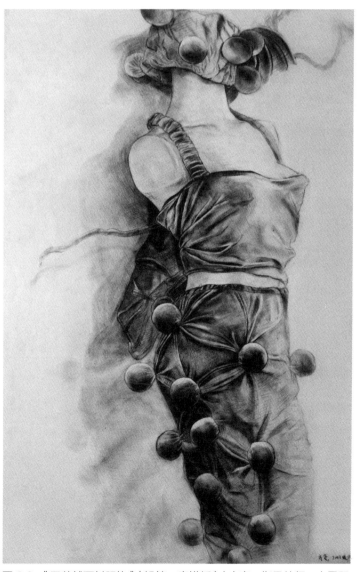

图 6.9　《天鹅绒面料服饰》(铅笔，素描纸) | 齐亮，指导教师：山雪野

作品欣赏10

在图 6.10 所示的作品中，设计者采用明暗画法来表现服饰的空间形态和质感特征，这款晚礼服衣褶变化复杂，细节繁多。但通过设计者的主观归纳和处理，其画面细节丰富、层次清晰，具有了秩序感和节奏感。

图 6.10 《晚礼服》(针管笔点绘，素描纸) | 张俊博，指导教师：山雪野

作品欣赏11

图 6.11 所示的这幅作品传达了设计者对画面设计的诸多信息，设计者有意改变了服装的自然形态，强化了牛仔裤叠加后形成的皱褶，对衣褶的疏密变化和空间关系进行了理性推导，使腰部及裤脚的竖向纹理与堆积的横向皱褶形成了对比，丰富了画面的构成要素。运动鞋的重色调，使画面稳重而富有分量感。整幅作品均用点绘的表现手法，这需要足够的耐心才能完成。

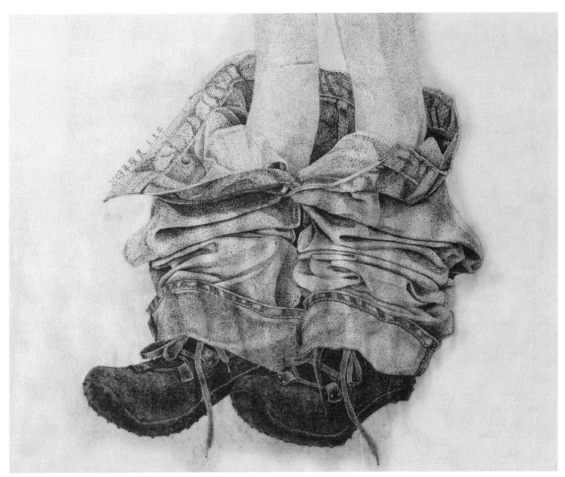

图 6.11 《牛仔裤》(钢笔点绘，素描纸) | 王玉萍，指导教师：山雪野

作品欣赏12

图 6.12 所示的这幅服饰素描作品，用线条作为主要的绘画语言，通过不同深浅、粗细、长短、虚实的线条变化，运用穿插、重叠、遮挡的方法，把这款服饰的形态结构描绘得淋漓尽致。

图 6.12 《服饰线描》(铅笔，素描纸) | 穆秀雅，指导教师：山雪野

作品欣赏13

　　图 6.13 所示的这幅作品是用线描表现的组合头饰，巧妙的构图与头饰的摆放方式，以及虚实、疏密、繁简等关系的处理，使作品具有特殊的艺术气质，整体上表现出设计者的设计意图和综合表达能力。

图 6.13　《线描头饰》（针管笔点绘，素描纸）| 王多，指导教师：山雪野

作品欣赏14

图 6.14 所示的作品是在黑色卡纸上用白色针管笔完成的线描，从中可以看出，设计者对线条的疏密、曲直、长短等变化进行了梳理，并对画面中的点、线、面做了精心组织和设计，使画面既有写实性又有装饰效果。

图 6.14 《线描服饰》(白色针管笔，水粉，黑色卡纸) | 王思雨，指导教师：山雪野、孙梦柔

作品欣赏15

　　图 6.15 所示的作品，设计者运用线条的疏密、粗细、浓淡、繁简相结合的表现手法，充分地阐述了服饰的形态特征。

图 6.15 《服饰》(针管笔，铅笔，素描纸) ｜方兰兰，指导教师：山雪野

作品欣赏16

　　图 6.16 所示的这幅作品是在棕色卡纸上用黑色针管笔完成的，白色部分是用白色纸裁剪出形状粘贴上去的，然后用铅笔画出细节。画面的黑白、疏密对比强烈，点、线、面组织丰富，具有较强的装饰效果。

图 6.16 《线描服饰》（针管笔，综合材料，彩色纸）｜王聪，指导教师：山雪野

作品欣赏17

　　图 6.17 所示的头饰整体画面设计巧妙，显然，设计者找到了表现这款头饰的最佳切入点，并对视觉焦点部位进行了细致刻画，简洁而完整的轮廓线准确地表现了头饰的造型特征。

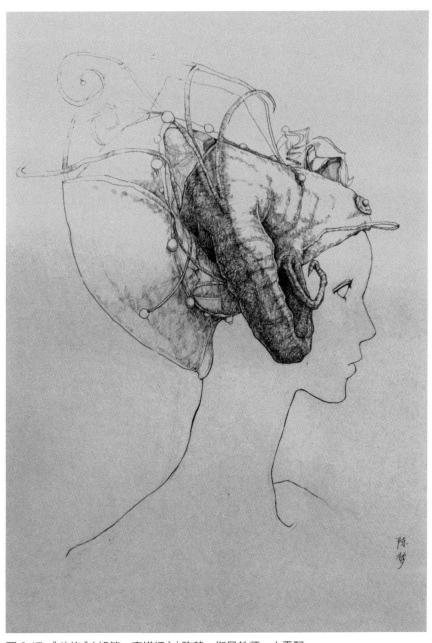

图 6.17 《头饰》(铅笔，素描纸) ┃ 陈梦，指导教师：山雪野

作品欣赏18

　　图 6.18 所示的作品，设计者准确地把握住了这款服装的造型特征，并对整体画面进行了精心设计，对所要表现的服装造型、衣褶特征和质感特征做到心中有数。对关键细节进行了精心的刻画，对需要概括处理的轮廓线仅用简洁的线条来表现。简洁流畅的线条与严谨精致的色调形成了鲜明的对比，再加上醒目的质感特征，给人以强烈的视觉冲击力。

图 6.18 《礼服》（钢笔，素描纸）｜曲艺，指导教师：山雪野

【思考与实践】

（1）怎样理解提高审美能力和作画技巧是表现好服饰的重要前提？

（2）如何汲取和理解优秀服饰素描作品的独特表现语言，并应用于服饰素描写生实践？

参考文献

阿诺尔德，2001.时装画技法［M］.陈仑，译.北京：中国纺织出版社.

布莱德丽，2018.着装人物素描［M］.周渊，译.上海：上海人民美术出版社.

戈尔茨坦，2005.美国人物素描完全教材［M］.李亮之，等译.上海：上海人民美术出版社.

钱俊谷，顾志明，2014.服装美术基础：服饰素描［M］.2版.上海：东华大学出版社.

全山石，陆琦，2006.素描［M］.杭州：中国美术学院出版社.

孙韬，叶南，2008.解构人体：艺术人体解剖［M］.北京：人民美术出版社.

唐鼎华，2015.设计素描［M］.上海：上海人民美术出版社.

邹游，2012.时装画技法［M］.2版.北京：中国纺织出版社.

张宝才，1999.人体艺术解剖学［M］.2版.沈阳：辽宁美术出版社.

结　语

　　本书的出版，为服饰艺术设计专业的基础教学提供了具有针对性的教材，而无论其教学内容还是传授方法，都是为了满足今天服饰艺术设计专业的现实需求，进而拓宽现代素描和艺术设计之间的表现语言。本书融合了编者多年教学改革的实践与探索，在编写过程中得到诸多老师的帮助，在此表示衷心的感谢！同时，也感谢北京大学出版社使书稿顺利出版，特别感谢策划编辑蔡华兵先生、责任编辑李瑞芳女士给予的修改建议！由于编者水平有限，书中难免会有错误和不尽人意之处，恳请各位读者批评指正，在此表示由衷的感谢！

编著者　山雪野

2021 年 5 月于鲁迅美术学院